创造过程哲学

CHUANGZAO GUOCHENG ZHEXUE

裴晓敏 ⊙ 著

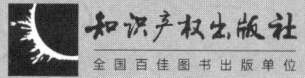

知识产权出版社
全国百佳图书出版单位

图书在版编目（CIP）数据

创造过程哲学/裴晓敏著. —北京：知识产权出版社，2018.4
ISBN 978-7-5130-5361-7

Ⅰ.①创… Ⅱ.①裴… Ⅲ.①创造思维学 Ⅳ.①B804.4

中国版本图书馆 CIP 数据核字（2017）第 319537 号

内容提要

本书以"创造技法"为切入点，以"创造过程"为主线，以传统和现代交融、中西方创造观贯通、科技与人文会通的"创学"思想为引领，综合分析国内外创造理论研究成果现状和存在的问题，采用比较与融合的途径，从创学视角分析和定位创造过程。在研究过程中尝试克服传统的从创造主体、创造思维过程和创造成果等视角对创造过程进行割离式的微观或中观的定义范式，从主客体关系的统一性出发，提出集创造技法、创造认识与规律、创造价值取向与境界追求于一体的整体的、系统的创造过程理论。

读者对象：本书适合普通读者，特别是有志于创业的读者。也可作为创新课程的教材使用。

责任编辑：胡文彬　　　　　　　　　责任校对：王　岩
特约编辑：孙　杨　　　　　　　　　责任出版：刘译文

创造过程哲学

裴晓敏　著

出版发行：知识产权出版社有限责任公司	网　址：http://www.ipph.cn
社　址：北京市海淀区气象路 50 号院	邮　编：100081
责编电话：010-82000860 转 8031	责编邮箱：huwenbin@cnipr.com
发行电话：010-82000860 转 8101/8102	发行传真：010-82000893/82005070/82000270
印　刷：北京嘉恒彩色印刷有限公司	经　销：各大网上书店、新华书店及相关专业书店
开　本：720mm×1000mm　1/16	印　张：13
版　次：2018 年 4 月第 1 版	印　次：2018 年 4 月第 1 次印刷
字　数：220 千字	定　价：56.00 元
ISBN 978-7-5130-5361-7	

出版权专有　侵权必究
如有印装质量问题，本社负责调换。

序

随着创造价值的确立,创造,创造价值也因此成为中国现代的传统,成为各领域关注的热门话题。纵观现代国内外创造学理论研究成果,对于创造的研究虽有着诸多不同的视角,但仍存在着一系列的问题。第一,研究领域大多以心理学和工程学为基础,同时受社会上急功近利思潮的影响与渗透,创造学大多留在"形而下"的实用层面,注重于创造工程学和创造技法的研究和应用方面,未能产生深层的"形而上"的变革,导致人们只关注发明而不谈创造,多功利主义而少文化精神,创造过程呈现科技与人文的割裂状态;第二,创造学理论研究拘泥于东西方各自的文化背景和思维模式,表现出东西方创造观的分离;第三,研究内容上相对忽视了哲学视角的创造过程的研究,缺少一种对创造过程系统的必要的哲学反思和认识论追问,创造过程研究趋于表象化;第四,研究模式呈现出碎片化、静态化,缺乏对创造过程整体的、动态的哲学研究。由于创造过程本身的复杂性,把创造过程作为对象进行系统研究的历史还相当短,所以至今创造过程理论仍然是一个很不成熟、处于不断发展中的领域。

"创学"是基于张岱年"综合创新"观而形成的以"中西会通"为导向的创造理论。本书以"创造技法"为切入点,以"创造过程"为主线,以传统和现代交融、中西方创造观贯通、科技与人文会通的"创学"思想为引领,综合分析国内外创造理论研究成果现状和存在的问题,采用比较与融合的途径,从创学视角分析和定位创造过程。研究过程中尝试克服传统的从创造主体、创造思维过程和创造成果等视角对创造过程进行割离式的微观或中观的定义范式,从主客体关系的统一性出发,提出集创造技法、创造认识与规律、创造价值取向与境界追求于一体的整体的、系统的创造过程理论。

第一,从方法论角度,阐述了创造方法从前技法时代(没有方法的时代)—技法时代(创造技法的诞生与广泛传播)—后技法时代(TRIZ 创造方法理论的盛行）—无法而法（创造技法的超越）的否定之否定的嬗变过程。从中西文化背景下，以 TRIZ 创造方法与中国传统文化背景下的无法而法的对比为切入点，提出了以"创造之道"为核心，实现创造方法由科学逻辑方法向无法而法的超越。

第二，从认识论角度，揭示了创造过程中的第一性与第二性问题。"以我观之"，分析了创造过程中的主体思维和认识；"以物观之"，揭示了创造过程中的客体进化规律和知识；融合"以我观之""以物观之"，上升到"以道观之"，对创造过程进行了认识论追问。从"物我合一"的角度，提出基于知识、面向人的创造过程理论与实践方法；从辩证唯物主义认识论的视角对 TRIZ 创造过程理论进行了解析，揭示了一种辩证式的创造观，促进了创造实践与哲学认识的统一。

第三，从价值论和境界观方面，反思中西不同文化背景下的创造价值取向和创造境界观的异同，提出"道"与"IFR"融合的动的天人合一观；并且从学理与实践两种层面探讨了创新过程认识论、方法论、价值论三者的互动关系，使创造方法论、价值论、认识论由"碎片化"状态，走向系统与融合，以实现三者之间有效互动。

第四，从实践哲学的视角论述了到达创造之道的基本途径，探讨了以"知本达至"为宗旨，知行合一、思行合一、述作合一的创学实践方法。

创造过程系统哲学不仅是创造方法论，在认识论、价值论方面也有着丰富的内容。因此，创造过程的系统化，应该是一种多维的综合。研究创造过程哲学，不是去论证这个"作为过程的创造"，而是在"创学"思想的引领下去描述这个过程，并且分析、揭示这个过程，既为中西会通的创学理论的建构提供了新的途径，又为中西会通的哲学的发展提供了新的视点。

本书在撰写过程中，广泛地参考了国内外许多创造学文献和专著，吸取了国内外许多学者和专家研究的新成果，本书是 2015 年孔学堂重大项目《中华传统文化的创造性转化、创新性发展研究》（项目编号为：kxtzd201501）的阶段性成果，中国科学技术大学刘仲林教授给予了极大的支持！本书在撰写过程中得到湖北文理学院领导以及从事创造学研究的专家、学者的关心和大力支持，在此谨向他们表示衷心的感谢！中国知识产权出版社对本书的出版给予了全力支持，在此一并表示衷心感谢！

目 录

第1章 中西创造观与创学 ……………………………………………… 001
   1.1 东西创造观的演进 | 001
   1.2 东西方创造理论研究 | 006
   1.3 中国创学的源与流 | 010

第2章 创造过程理论基础 ……………………………………………… 015
   2.1 创造过程哲学的提出 | 015
   2.2 创学视野下创造过程哲学理论 | 025

第3章 创造过程方法论的嬗变与反思 ………………………………… 034
   3.1 前技法时代 | 035
   3.2 "技法时代"对创造方法的认识 | 043
   3.3 "后技法时代"的创造方法理论 | 049
   3.4 对创造方法理论的哲学反思 | 055
   3.5 无法而法：中国文化背景下的创造方法学 | 061

第4章 创造过程认识论追问 …………………………………………… 074
   4.1 以我观之：创造过程中的第二性问题 | 075
   4.2 以物观之：创造过程中的第一性问题 | 090
   4.3 以道观之：第一性问题与第二性问题的同一性 | 097
   4.4 基于知识、面向人的创造实践 | 101

第5章 TRIZ 创新过程认识辩证观 ……………………………………… 109
   5.1 TRIZ 技术创新理论：一种辩证式的创新观 | 109

5.2 有限的原理可以解决无限的问题：普遍联系观点 | 111
5.3 技术系统的进化机制：矛盾对立与统一 | 113
5.4 技术进化的 S 曲线法则：量变质变规律 | 116
5.5 技术系统的进化方向："否定之否定"规律 | 118

第 6 章 创造过程中的价值取向与境界追求 121
6.1 西方技术创新价值追求——IFR | 121
6.2 中国传统文化背景下的创造价值观——道 | 127
6.3 "IFR"与"道"：创造价值向度上的天人共轭 | 131
6.4 天人合一：两种创造价值观融合 | 135

第 7 章 创造过程中价值论、认识论、方法论的有效互动 145
7.1 创造价值论研究存在的问题 | 145
7.2 价值论、方法论、认识论由碎片化走向融合 | 148
7.3 创新境界观对创新实践活动的指导 | 151
7.4 创造过程可控论：创造主体认识的升华和
   价值理性复归 | 155

第 8 章 创造过程实践观：知思行合一 158
8.1 知本达至，自觉创造 | 158
8.2 知思行合一，达创造之道 | 162

第 9 章 创学理论建设思考与展望 167
9.1 中国当今文化的现状 | 167
9.2 中国传统文化创造性转换 | 168
9.3 创学理论基础 | 172
9.4 创学理论体系的建构 | 176
9.5 创学指导下的 TRIZ 理论本土化过程探索 | 185
9.6 创学未来研究展望 | 192
9.7 结束语 | 194

参考文献 196

第 1 章　中西创造观与创学

创造是我们时代的主旋律，是各领域关注的焦点。从历史的角度看，无论是中国还是西方，创造观念都有一个漫长的产生和演变过程。中国和西方的文化体系中都有创造的身影，由于各自的文化背景等多种不同因素的影响，创造观念也趋于不同。

1.1　东西创造观的演进

1.1.1　西方创造观的演进

一部人类社会史，就是一部创造活动史。人们在为创造及其成果的伟大意义感到惊叹的同时，也开始了对创造活动的反思，并尝试着从不同角度对创造的本质进行了不尽相同的解释。早在古希腊时代，哲学家们就尝试从认识论的意义上对创造做出解释。亚里士多德把创造界定为"产生前所未有的事物"。这种定义既包含了精神领域的创造，也包括了创造思维物质成果的实现。16 世纪、17 世纪，英国哲学家培根和休谟对创造做出经验主义的理解，认为"创造是人在生活中的实际行动"。18 世纪后，德国的古典哲学创始人康德综合分析了创造过程的基本构成，认为创造是"认识的基础"。19 世纪中期，马克思首次提出"创造是人的特殊的社会实践活动"的观点，认为创造是人类改造自然的实践活动，同时也在实践活动中创造了人类自身。此后在很长的一段时期，人们对创造本质的理解都没有超出马克思的认识水平。[1]

---

[1] 李嘉曾. 创造本质的哲学阐释与创造性思维方法的哲学总结 [J]. 东南大学学报：社会科学版，1999（2）.

梳理西方创造观的演进过程，西方创造观先后经历了上帝创造论、天赋创造论、本能创造论、创造才能论、创造力模型论等演变过程。

(1) 上帝创造论：创造力研究正式展开之前，在有关创造力问题上普遍弥漫着一种神秘主义色彩，如认为创造力是神赐的。西方《圣经旧约全书》开篇的第一句是：起初，神创造天地。这里的初不是一般的初，不是一件事的开始，而是整个天地之初，宇宙开始之初。《圣经》是宗教经典，其观点源于西方古代神话。在《圣经》看来，启动创造的主体是上帝，或者叫神，最高的神。《圣经旧约全书》中提及的创造是外在的，神在天地之外创造了万物，是一种外在的创造者；且"神"的创造是"无中生有"，从一无所有的空无中创造出天地和万物。从而陷入"神赐论"。创造力既然是神赐的，自然就不存在解放创造力的问题，"神赐论"在很长一段时间里，也就成了创造力发展的枷锁。

对于早期西方创造力观的演进过程，斯腾伯格在《创造力手册》中曾经这样描述道："学者们都认为早期西方有关创造力的概念是《创世纪》中关于创始的圣经故事，自此有了工匠遵从上帝的意思在地球上造物的理念。波尔斯丁写道，《圣约》是人们意识到自己具有创造能力的里程碑。这说明，通过对造物主及其创始的信仰，人们组成了一个社会，他们通过自己的血缘关系、分享上帝的品质、挚友以及与造物主上帝的自愿关系来肯定自身的创造能力。"

这些关于宗教信仰的假设在随后的1200年中没有遇到真正的挑战。这也表明西方在中世纪很长一段时间内也是比较压抑创造的，认为只有上帝才能创造。人一般是创造不出来东西的，只有上帝才能实现。所以西方"创造"这个词一开始就给上帝了，唯有上帝有这个话语权。

(2) 天赋创造论：中世纪出现了认为创造力是个体（通常指男人）所拥有的特殊的才能或非凡的能力，是一种外在精神的表现的观点。文艺复兴伊始，这个观点有了显著的改变，这时，伟大的艺术家和工匠的非凡特质已经被视为并被强调为他们自身的血统，而不是神的化身。并且，这种观点的改变不是孤立的，而是广泛存在于社会变革之中。创造力慢慢下降到人，人们的创造力从"神赐论"的束缚中解放出来。

人类自觉关注自身的创造行为，如高尔顿认为创造力乃某些个体的特殊天赋或遗传素质的产物。如果从英国心理学家高尔顿1870年出版的《遗传的天才》算起，人类关注自身创造力也只有一百多年的历史。当然，在这之前，人们并不是对这个问题毫无觉察，但那时对创造性才能内涵的理解是含糊不清的。古希腊哲学家柏拉图，把创造性才能看成是天才人物的直觉顿悟；而在古罗马的历史上，创造性才能被直接等同于创造者本身。从中世纪一直到19世纪中叶，创造性才能一般被认为是杰出人物（天才）的特定精神能力或特征，而这种能力是神赐的。高尔顿以前，人们对创造性才能的理解，从未摆脱其宗教的附属意味。

人们之所以把高尔顿对人的创造性才能理论看成创造性研究的一个里程碑，是基于以下原因：高尔顿第一次成功地应用了统计学和经验推理的方法，把创造性才能作为一种可观察、可测定的人类特征来进行研究；并且，由他开创的心理测量的传统一直延续至今。但高尔顿的理论是建立在人种论偏见基础之上的，其荒谬性使它失去了应有的价值。

（3）本能创造论：19世纪末20世纪初，以弗洛伊德为代表的精神分析学派认为，创造性才能是人的潜意识本能的升华作用。这有助于把人们的创造性才能看成是只有程度上的差异而并无禀赋上的根本区别，但从根本上说，他所强调的主要是人的生物本能的一面，忽视了人之所以为人，更重要的还在于其社会本质属性，因而不可能给创造性才能概念以科学的解释。

（4）创造才能论：重新认识创造性对人类生活的重要意义，对创造性的科学研究，是从1950年吉尔福特对创造性进行的实践研究开始的。吉尔福特关于创造性才能的理论之所以被公认为是这方面研究的一个里程碑，并成为人们进一步研究的理论基础，首先是他科学界定了"创造性才能"的内涵。1950年，在《论创造力》这篇演讲辞里，他指出："创造力是指最能代表创造人物特征的各种能力。"随后，他又对这个定义作了补充说明："创造性才能决定个体是否有能力在显著水平上显示出创造性行为。具有种种必备能力的个体，实际上是否能产生具有创造性质的结果，还取决于他的动机和气质特征。"

吉尔福特的这一定义对于创造性才能的研究有着重大意义。首先，它使人们认识到创造性才能不是孤立神秘的东西，而是由个体的种种基本能力构成的。在吉尔福特看来，创造力只不过是与人类智力相关的某种能力，并且如同智力一样，它也由多种因素建构而成，吉尔福特的研究体现了心理学的认知研究路线。他在《创造性才能——它们的性质、用途与培养》一书中，专门有一章的标题为"从假设到创造性才能"，充分显示出了其创造力研究始于假设的思想。他在南加州大学"能力倾向研究方案"中就采用了这样一种假设，即认为存在着若干种（抑或很多种）可区分的有关能力，如对问题的敏感性、观念的流畅性、思维的灵活性、观念的首创性等。其次，研究还强调了创造性行为的意义，创造性行为具有相对性。这使人们认识到，创造力不仅只局限于极少数有天赋的人，而可能是在不同程度上广泛分布在全体人口中的。吉尔福特通过采用因素分析等方法表明了"人人都有创造力"这一当代西方创造力研究的基本观点，从而彻底打破了往昔流传的创造力乃少数"天才"所拥有的结论。

（5）创造力模型论：如果说较早期的吉尔福特的研究体现了心理学的认知研究路线，那么，斯腾伯格（Sternberg, R. J.）关于创造力的研究有了更为长足的发展。他提出了创造力的"三侧面模型"（three face model of creativity），表明创造行为的产生与创造力的智力（intellectual）侧面、智力风格（intellectual styles）侧面、人格（personality）侧面三个方面有关。

纵观西方创造观的演进过程，其实是创造主体的变化过程，正如西方的一位研究创造概念历史的学者所说的，创造的概念有三种解释：一种将创造解释为唯神的（C1）；第二种将这一概念解释为唯艺术的（C2）；而第三种解释为人的（C3）。也就是 C1 到 C2 再到 C3，这个 C1 就是上帝，直到很长一段时间，近现代的时候开始下降给一些专门的特殊的人：艺术家，诗人，他们画的画，做的诗，他们做出来的东西都是非常令人惊讶的，好像有神力一样，所以当时认为这些艺术家们才是真正的创造者。到了 20 世纪的时候，又往下降了，降到了所有人都有创造性，到处都有创造。西方在经历了 C1 到 C2 再到 C3 这样的演变后，就世俗化了，任何人都可以去创造，任何一个领域都可以创造。

20 世纪 40 年代，一个新的学科领域"创造学"在美国诞生。

1.1.2 中国创造观的演进

在中国古代，创（造）一词产生较早，且体现在礼仪制定、基业开拓、物器制造、文章创作等许多方面，内涵丰富，特点鲜明。《周礼·考工记》云："知者创物，巧者述之守之，世谓之工。百工之事，皆圣人之作也。"按古人理解，创造领域虽然广泛，但并非人人都能做，只有圣人智者才能创物，工匠和一般人只能述之守之。在古代中国，人们往往把有创造性的人如孔子、孟轲等均尊之为圣人，创造性才能成为圣人们经过学与悟而具有的一种可望而不可及的人格特征。

在中国源远流长的历史当中，"创"和"创造"一词使用频率很低，没有引起古人特别的关注，在中国传统哲学术语中，出现更是微乎其微。例如，在《论语》一书中，相比较出现了109次"仁"字而言，"创"字仅出现了一次。在《孟子》中"创"也是如此。在《老子》中，更是没有"创"字的踪影。值得注意的是，在《易传》中，提出了"生生日新"的思想，比较接近"创造"的思想，但全文并没有出现"创"字。

到了近代，宋明理学引入了《易传》的"生生日新"的观点，发展出"新儒家"哲学体系，但由于泛伦理传统思想束缚，仍然把"生"看作是"仁"的一部分，没有演化为"创"的思想。总之，从古代到近代，"创"及其相关词汇，都被埋没在千千万万普通字词中，其文化价值和哲学意蕴，尚未被发现。

直到20世纪，在西方新思潮的冲击下，创造一词再次被提起并引起学界关注。创造的思想为一些马克思主义者、哲学家、思想家、教育家、文学家所推崇，代表人物有陈独秀、李大钊、梁启超、梁漱溟、熊十力、郭沫若、方东美、张岱年、陶行知等。这里尤为值得关注的是：哲学家熊十力和张岱年将天地看成一个生生不息的创造过程，认为《易传》中的"生即是创造"，并深入进行"新唯识论"和"天人五论"新哲学体系探索；教育家陶行知，提出了以行动为中心的创造教育观，"行动是老子，思想是儿子，创造是孙子。"

1.1.3 中西创造观演进的启示

对比中西"创造"一词的演化，是耐人寻味的。

西方"创造"一词形成较晚，也有相当长时间受冷落，但从中世纪到现代的发展却一波三折，跌宕起伏，很富戏剧性。它是以"艺术"为中介，从天上降到人间的，由上帝至高无上的专利，转化成开放在人世间各个领域的绚丽花朵。当代西方创造观的转变并不是偶然出现的，这一巨大的转变，是以工业革命、文艺复兴、人的解放为背景的，是有其特定的实用主义哲学背景、对实验心理学传统的继承，是自然科学飞速发展大背景下的产物。"创造"一词的兴衰，是人类社会进步程度的综合体现。

中国"创造"一词虽然形成很早，且内涵丰富，但在古代、近代一直没有受到注意，在中文词库中默默无闻，几乎被人遗忘。这一默默无声的背后，反映了"日出而作，日落而息"的小农经济的封闭、封建专制社会的禁锢和因循守旧经学传统的束缚。通向创造的道路被封锁，"创造"一词必然长期受冷落。

今天，是一个以创造和创新为标志的新时代，中西哲学与文化的交流和互动，为古老的中华民族创造观的彻醒和创造力的勃发提供了新契机，而中国哲学和文化的深厚底蕴，必将为现代哲学和创造学建设提供丰富的思想宝藏。

1.2 东西方创造理论研究

1.2.1 西方创造理论研究

20世纪以来，国外对于创造理论的深入研究虽有着不同视角，但大多集中在创造心理学、创造工程学、创造方法学等方面。

（1）创造心理学：自19世纪70年代以后，心理学家逐渐成为创造与创造力研究的主力。以英国学者高尔顿（Francis Galton，1822~1911）1870年出版的经验性研究成果《遗传的天才》为起点，心理学界开始了从精神分析学的视角对创造人格和创造力的开发进行了大量的研究，并且以心理学与认知科学为基础，对创造性思维进行了解释，指出创造过程是个体从开始创造到产品落实的一段心智历程，其中极具代表性的有1926年英国心理学家沃勒斯（Wallas, G., 1859~1932）提出的创造过程四阶段模式。美国著名心理学家J.P.吉尔福特（J.P. Guilford, 1897~1987）则于1950年开辟了一个崭新的应用心理学分支——创造心理学,为创造力的开发研究增添了新的内容。心理学界较多地关注着创造者的人格、心理、思维等主观因素,强调创造者的内部因素和条件,却对创造的实践性重视不够。

(2) 创造工程学:主要研究工程领域内的人类创造活动的规律的科学。它起源于 1936 年美国通用电气公司为科技人员开设的"创造工程训练课程",在工业界首次尝试来训练和提高员工的创造力。美国发明家 A.F. 奥斯本 1941 年年底出版了《思考的方法》一书,并向人们系统介绍了世界上第一种创造技法——智力激励法,引起了许多国家的高度重视,这标志着创造工程学的正式诞生,也引发了创造技法研究的热潮。据不完全统计,人们通过对创造发明实践的经验总结,目前已提出包括检核表法、组合法等在内共三百余种创造技法。

(3) TRIZ(创造性解决问题理论):根里奇·阿奇舒勒(Genrich S. Altshuller)等人于 1946 年开始了工程域内的发明问题解决理论的研究工作,提出了创造性解决问题和实现创新的各种方法、规律、工具的集大成体系——TRIZ 理论。TRIZ 理论把创造方法发挥到极致,它作为创造理论研究的一个重要分支,在西方国家得到广泛地传播并形成了各自的流派。

1.2.2 中国创造理论研究

我国关于创造学的普及起步于 20 世纪 60 年代的我国台湾地区。80 年代初,创造学思想引入内地。自 1979 年始,上海交通大学许立言在《科学画报》上用连载的方式,对创造技法进行了系统的介绍,由此,拉开了中国大陆普及和发展创造学的序幕。半个世纪以来,我国已经出版各类创造学著作 1000 余种。中国创造学会 1994 年建立,隶属中国科学技术协会,侧重创造技法的实践应用研究。从引进和吸收西方创造技法相关成果开始以来,国内创造学已经取得了相当的进展,大体上分为以下几个阶段。

(1) 1980～1985 年,是大量引进国外创造学成果,并进行出版探索的阶段。这一阶段主要是以创造工程学派为代表,热衷于对西方创造技法和创新方法的跟踪、模仿和传播,具体创造技法的统计,并初步展开了对创造技法在工程中的应用研究。

(2) 1985～1994 年,创造学研究取得了初步进展,并开始了经验总结和成果推广。这一阶段标志性事件是 1985 年中国发明协会的成立。研究内容主要集中在青少年创造力的开发和培养，创造学的应用开发、创造成果的展示，以及发明创造活动市场化，发明活动的产业化、商品化发展。

（3）1994 年至今，进行了独立探索并初步形成不同的创造学派和研究体系。这一阶段的主要标志是 1994 年中国创造学会的正式成立以及中国发明协会高校创造教育分会和中小学创造教育分会的成立，我国创造学研究进入了深化研究、独立探索的阶段❶。

在这一阶段，中国创造学学者开始尝试探索独具特色的学派与体系，并取得大量的成果。从理论体系上看：一是创造学与科学方法理论相结合的探索，以傅世侠、罗玲玲于 2000 年著作并出版的《科学创造方法论》一书为代表。该书以西方心理学成果为基础对有关科学创造与创造力研究的有关问题从方法论的角度进行了探讨，综合考察和分析比较了各种创造观。经过"思维篇"与"人格篇"的具体问题的探讨，归纳了若干科学创造方法的构想原则。二是有中国文化特色的创造学理论的探索，以刘仲林 2001 年著作并出版《中国创造学概论》为代表。该书从西方创造技法切入，以中国传统文化为主线，以中西两大基本思维形式为基础，独具创心地将创造学与中国传统文化相结合，突破了偏重追求物质成果（"成物"）的西方创造学的局限，提出"成物""成己"比翼双飞，协调发展的创造理论，并创立了中西观点融会贯通的"创学"理论架构。三是创造学与马克思主义相结合的理论探索，以 2003 年甘自恒编著的《创造学原理和方法——广义创造学》一书为代表，该书以马克思主义主义创新观为指导，以"创新"为核心，对创造性活动的基本因素、创造主体、创造人格、创造性人才等 18 个方面进行了探讨，并以创新型国家四条标准为背景，强调人的原创性创造行为。四是创造学与行为学相融合的普通行为创造学理论，以庄寿强 2006 年出版的《普通（行为）创造学》为代表。五是创造教育理论与实践研究，以刘道玉 2003 年出版的《创造教育新论　理论篇·改革篇·实践篇》为主要代表，该书从科学研究与实验、生产实践、社会服务、学术团体等方面，详细地研究了当代中国创造教育的

---

❶ 简红江. 国内外创造学发展比较研究 [D]. 合肥：中国科学技术大学，2012.

成功与疏漏之处。[1]

自 21 世纪以来，随着 TRIZ 理论在国内的广泛传播，国内又形成了官产学界相结合的前所未有的创新方法推广模式，TRIZ 创新方法学派开始了 TRIZ 理论引进、应用及其推广模式的研究。

1.2.3 创造理论研究存在的问题

纵观现代国内外创造理论研究成果，对于创造的研究虽有着不同的研究视角，但依然存在着一系列的问题。

第一，研究领域上，大多以创造心理学和创造工程学为基础，集中在创造思维、创造技法的研究和应用方面，偏重于创造的成物层面的追求，讲究经济利益和实效，疏忽创造者本身的精神状态和心灵境界，加上社会上急功近利的思潮的渗透，创造实践中逐渐显现出科技与人文的割裂的状态。

第二，社会和经济发展中某项值得注意的创造创新问题总能激起人们对它的广泛兴趣，关于创造创新的研究常常只讲创造和创新可以促进生产力的发展，促进社会各行各业的进步，却没有能从哲学层面上来深入地探讨这个问题，哲学的研究目前仍处于创造理论的边缘。导致的结果是，我们实际上只有"创造创新"，而没有"创造创新哲学"，忽视了哲学视角的创造理论的研究，缺少一种对创造过程系统的必要的哲学反思和追问。同时，现代西方创造学和中国哲学分属科技与人文两大不同领域，彼此很少交流，创造学许多积极成果，一直没有受到中国哲学界关注。

第三，国内外创造理论的研究大多拘泥于各自的文化背景和思维模式，表现出东西创造观的分离，而缺乏中西贯通的创造理论的研究。同时，国内在推广和传播国外创造理论研究成果时，重在跟踪和照搬，缺乏植根于中国本土文化的东方与西方会通的创新理论。中西方传统文化与思维方式都存在较大差异。只有充分发挥中国原有文化的内在精神，才可以更好地吸收外来理论以滋养本土理论。因此，创造理论的研究需要和中国文化和哲学相融合，充分发挥我们东方思维之特长。

第四，由于创造过程本身的复杂性，把创造过程作为对象进行系统化研

---

[1] 简红江. 国内外创造学发展比较研究 [D]. 合肥：中国科学技术大学，2012.

究的历史还相当短，同时，由于研究模式的碎片化、静态化，缺乏对创造过程的系统的、整体的、动态的哲学研究，所以至今创造过程理论还是一个很不成熟、处于不断发展变化中的领域。

因此，中国传统文化创造性转化的重点是价值观的变革，以创造过程哲学为背景，从中西创造学结合的视角，创造创造方法的融合、探索从伦理价值观到创造价值观的转化。

1.3　中国创学的源与流

1.3.1　中国哲学"综创学派"

一门学问中由于学说师承不同而形成的派别称为学派。中国哲学"综创学派"是以中国哲学大师张岱年（1909~2004年）的"综合创新论"为基础，由众多学者丰富、完善、发展起来的一支中国新文化建设学派。

魏巍博士在《"学派"传承与研究生创新能力培养——以中国科大中哲方向博士生培养为例》❶一文中对"综创学派"的传承进行了梳理。

（1）"综创学派"的第一代：张岱年作为"综创学派"的第一代，代表作有《张岱年全集》《中国哲学大纲》《天人五论》等。张岱年先生早在20世纪30年代，就发表诸多论文，阐述其建设新文化的理论——"综合创造论"（20世纪80年代改称"综合创新论"）。1935年，张岱年即提出了"创造的综合"的主张，"综合创新论"可以概括为"天人论古今，综创贯中外"。"综合创新论"的中心思想是"兼综东西两方之长，发扬中国固有的卓越的文化遗产，同时采纳西洋的有价值的精良的贡献，融合为一，而成一种新的文化，但不要平庸的调和，而要作一种创造的综合。"其主张将马克思主义哲学、中国哲学、西方哲学的长处融会贯通，汲取三种哲学中最有价值的思想，通过"综合"进而创造一种新的哲学。其内容为中、西、马哲学之精华，其方法和方向为"综合"。

---

❶ 魏巍."学派"传承与研究生创新能力培养——以中国科大中哲方向博士生培养为例［J］. 研究生教育研究，2016，5（35）.

此一派观点，为建设中国新哲学提供了一种全新的可能路径。

张先生以"创造"为核心的"动的天人合一"思想，超越了以儒家为代表的以"伦理"为核心的"静的天人合一"思想，契合创造创新的时代脉搏，为传统文化的现代转化、新哲学建设提供了新方向。一些海内外学者也纷纷从各自角度提出了中国哲学的创造性转化、创造性诠释、创造性重构等见解。他把中国哲学的"重建"与"创造"紧密联系在一起，已形成了一股有影响的思潮。

（2）"综创学派"的第二代：有研究认为，"综创学派"的第二代主要是亲自受教于张岱年先生或认同"综合创新"观点的学者，主要包括刘鄂培、衷尔钜、方克立、程宜山、王东、刘仲林、李存山等，"综创学派"第二代突出的代表是著名中国哲学家方克立先生。方先生在《中国文化的综合创新之路》《马魂 中体 西用》等著述中深入阐释并发展了"综合创新论"。方克立对于"综创"学派的贡献，首先是明确其在哲学和文化建设中的地位。20世纪90年代以来，他不仅首先将"综合创新"的观点置于与"全盘西化"派和"儒学复兴"派的比较之中，使其并列为三大中国现代思潮。之后，方克立进一步发展了"综创"理论，尝试使用"马魂、中体、西用"。

"综创学派"第二代代表之一刘仲林，从中西会通、文理交融的跨学科视角，弘扬和发展了张岱年以"创造"为核心的"动的天人合一"思想，在系统理论建构和大众实践方面做出了新探索。1999年以来，刘仲林教授主要致力于哲学建设更深层次的全面探讨，构建以"创造"为核心的"创学"理论丛书《古道今梦》系列，该丛书包括《新精神》《新认识》《新思维》三部分内容。张岱年先生欣然为其作序，指出：《古道今梦——中华精神第一义探索》，在认真评价儒、道、释思想的基础上，提出以《周易大传》生生日新为源，转化形成以"创"为主导的中华新精神，并将"创"作为核心范畴，融入中华文化内核。认为"创"是现代精神的标志，较"仁"更能体现人的本质，由此提出了将"仁学"等传统思想转化提升为"创学"的新观点。这是有深意的大胆尝试。……这本书深入考察了传统与创新的关系，具有重要的学术价值，是文化研究的一项新成就。张岱年先生在以上评价中首次用了"创学"一词，并由此提出了将"仁学"等传统思想转化提升为"创学"的新观点，"创学"一词从此叫响。这也是本书所用"创学"称谓的最早来源。

2001 年刘仲林出版《中国创造学概论》，进一步发展了中国传统哲学与西方现代创造学融会贯通的"创学"理论。

1.3.2 创造学与创学

人类在最近 100 年内所取得的科技成就和创造的物质财富远远超过了以往时代的总和，当代社会已经毫无疑义地共享了"创造"的价值。随着创造价值的确立，创造，也因此成为当今时代的传统，成为各领域关注的焦点。在探索这些巨大成就产生的原因时，人们越来越把目光聚焦到人类创造实践活动的影响因素上。

在 20 世纪初期，美国、日本、苏联等国家都先后从创造技法的视角对提高创造力开展了初步探索，并成为创造力理论与实践基础的发端，促使了创造学作为一门独立的学科而异军突起。创造学的确立，揭开了覆盖在创造力上的神秘面纱，使人们认识到创造方法和创造思维可以像其他知识一样，人人都能得到，人的创造力也可以在实践中不断提高。西方创造学以创造力开发为目标，以创造技法的研究和普及为重点，具有较强的经济实用性。它自诞生以来，在世界各国得到了迅猛的发展，已有七十多个国家或地区开展了创造学的研究与普及工作。

但西方在对创造力问题的研究上，所遵循的正是一种"方法中心"的原则。所谓"方法中心"，即过于注重分析的研究方法，以为只要基于科学手段就能解决有关创造力研究中一切问题。诚如有学者指出，这种将任一领域的问题都采取物理、化学等自然科学手段来处理的做法，也是一种科学主义，即"学术科学主义"。即关于创造研究问题过分强调科学性与可操作性，从而导致以机械论观点来看待人的创造现象的偏颇。当代西方创造力研究正是存在着这种"学术科学主义"倾向的问题，可以说，这也正是其所面临的理论困境的认识论与方法论根源。正是在此意义上，以人为本的整体论创造观对于创造力研究的进一步发展应是具有启示性意义的。

自 20 世纪 80 年代，在我国改革开放的背景下，创造学也被引进我国大陆，经过大量的翻译、引进、消化和吸收，国内关于创造实践的研究已有了长足的发展。但分析国内创造学研究成果，从内容上看仍处于引进传播模式，大量的著作都局限于对国外创造技法的引进和直接的实践应用层面，从总体上没有超越对国外创造学的跟踪和模仿，大创造学理论本身的深化和发展面临着巨大困境。刘仲林教授指出，这种困境主要表现在：理论层面上，没有超越对国外创造理论的跟踪和模仿，缺乏基于中国本土特色的创造理论；实践上，创造学没能融入科技、教育、文化的主流，仍然处于边缘化地位，创造主体缺乏创造的理性自觉；目标上，以功利实用为基本追求。

1.3.3 创学视域下的创造过程理论建设

"创造学"源自西方，"中国传统哲学"出自东方，两者一西一东，千今一古，相距甚远，如何能够会通？更确切的说，中国传统哲学主流很少谈创造，甚至压抑创造，在这种背景下，传统与现代如何衔接？

如何克服传统的"小创造学"思路的局限性，与其他领域、学科融会交叉，构建体现创造时代的"大创造学"（简称"创学"）既是现代创造理论发展面临的机遇和也是严峻的挑战。要实现这一使命，只靠跟踪和模仿国外创造学是不行的，必须与中国文化和中国现实结合，从深层探索中西结合的"创学"新框架。❶

中国哲学大师张岱年指出："哲学为天人之学。天者广大自然，人者最优异之生物。""辨万物之原，明人生之归，而哲学之能事毕矣。"天人问题是中国传统哲学关注的核心问题。早在20世纪上半叶，一些中国哲学家就从天人观的角度考虑世界变化的本质问题，并得出了天人合一于"创"的重大结论，为今日"创学"理论建设奠定了基础。

今日社会，是一个竞争社会，是一个创新时代，专长守势的哲学精神，是无法站在时代潮流前列的。以"创"统贯之的"综创家"，有很强的现实性和时代性。综创家的不足，是理论建构深化不够，如何在中西会通、文理会通的大背景下，建设系统完整的理论体系，是一个长期的学术任务。

"创学"一词，言简意赅，非常精练概括了综合创新理论的本质特点。以中华文化大师张岱年先生的"综合创新"文化观为指导的"创学"理论的提出，在我国创造学界产生了较大的影响，它为当代中国创造学发展开辟了新

---

❶ 刘仲林. 关于中国"创学"建设的. 东西方文化会通创学建设 [C] //张开逊，等. 培育智慧. 北京：北京工业大学出版社，2009.

的方向。"创学"是一种广义的创造学，和西方传统创造学相比有着更丰富的内涵和更大的包容性，需要广阔的跨学科视野和更深入的哲学思考，"创学"理论的构建不仅是传统创造学领域的转型与变革，也会给中国现代新文化建设带来新气象。

"创学"虽直指创造理论发展的巅峰，但我们不能让其束之高阁，仅供国人瞻仰，要真正地展现其价值，要下学而上达，上达而导学，以指引我们前进的方向。

那么在创学的指引下，该如何开展对创造过程理论的深入研究？又如何使创学研究与实践相结合，到实践中去为实践服务？这些问题都是有待深入研究的。

创造是一实践过程，而关于这一过程系统化的哲学理论一直是研究的弱点。后续章节将从创造过程系统论的视角，以创学思想为指引，系统分析创造过程问题，以促进创造学理论朝中西合璧的方向深入发展。

第2章 创造过程理论基础

2.1 创造过程哲学的提出

粗略看,创造离工程学、经济学最近,离哲学最远。但事情并不是这样简单,或者说,正是因为创造多被人从心理学、工程学和经济学的角度考察,才更需要对它再作一些追根问底的研究,而追根问底的研究态度正是哲学研究的态度❶。创造和创新既不是纯心理学的范畴,也不是纯工程学范畴,更不是纯经济学范畴,它们同样属于哲学这个大厦的屋檐下。哲学的任务之一就是深入揭示创造过程的意义,并且考察创造作为价值如何可能❷。

2.1.1 创造过程哲学提出的客观必然性和依据

(1) 创造过程哲学提出的历史依据:所谓创造(Creation),是指从无到有的过程。《说文解字》认为:"创","凡刀剑及创疡字,皆作此"。"造","按造者,谓并舟成梁。后引伸为凡成就之言。""创""造"二字综合取义为"造法创业也"。《辞源》把"创造"解释为"始也,造也"。孟子说:"君子创业系统,为可继也。"唐朝哲学家和文学家李翱认为,六经之词,是"创意造言,皆不相师,……此创意之在归也。"❸ 我国台湾学者郭有遹先生通过对老子《道德经》的诠释,将创造定义为:"创造是个体或群体生生不息的转变过程。"并认为,老子于第四十二章说:"道生一,一生二,二生三,三生万物。"……说明了道所具有的蜕变创造的特质;老子的"天地万物生于有,有

---

❶ 夏保华. 技术创新哲学研究 [M]. 北京:中国社会科学出版社,2005.
❷ 高瑞泉. 论创造之价值 [J]. 开放时代,1999 (1):67-68.
❸ 冯国瑞. 创造性思维与复杂性探索 [J]. 西安交通大学学报:社会科学版,2006 (26):4.

生于无"（《老子·四十章》），这句话也显示出创造过程中有无相生的道理❶。《易经》以"生生之谓易"来解释宇宙万物演变的基本道理，也含有创造之意；事实上"to bring into being"（生生）即为韦氏英文大辞典对"Create"（创造）一词的解释。❷"所谓生生，即生而又生，生生不已，生生不息之义，亦即创生不已、创化不已、创发不已、创新不已，创造不已之意。生生既是创造之原，又是创生实体，还展现为创造过程"❸，《道德经》《易经》等典籍中蕴涵的"有生于无""生生之谓易"等思想，正是中国传统文化背景下的创造思想观的体现。这些为创造过程哲学的诞生提供了历史依据。

（2）创造过程哲学提出的客观必然性：从古代创造范畴的提出，到当今时代伟大的创造实践，都不断推动着创造哲学思想的产生和发展。创造是人类及其活动的本质，需要人们去研究创造活动的本质和规律，并从哲学高度对创造的本质做出阐释，从而揭示创造过程的普遍规律和从事创造活动中广泛适用的一般性的原理方法。因此，创造过程哲学的提出也是具有客观必然性的。同时，研究创造的过程也是对创造的认识的深化过程，对创造认识的深化完全有必要，并且有可能把创造研究引向深入，并为创造的理论研究和社会实践提供认识论、方法论指导。

（3）创造过程哲学提出的学科发展依据：有关创造的问题，与极其广泛的各学科领域都有着不同程度的关联。哲学与其他诸多具体学科一样，也关心智慧的人们自身如何进行创造的问题。所不同的是，具体的学科只能是从一些特定的领域来讨论或研究人的创造实践，诸如：科学技术领域的创造、社会管理的创造、文学艺术的创造，以及有关人才培养或教育的创造等；哲学则不然，它更关心的是从人类或人的认识的高度，特别是从认识方法的高度对之进行更为一般的研究，这便是有关人的创造过程的认识论、方法论、价值论的研究和探讨，这就从学科发展的角度为创造过程哲学的提出提供了依据。首先，创造过程问题至今还是哲学研究的薄弱部分，在哲学中还没有它应有的位置。而"创造学"作为一门学科，在其发展的过程中已经提出了

---

❶ 傅世侠，罗玲玲. 科学创造方法论 [M]. 北京：中国经济出版社，2000：77.
❷ 郭有遹. 创造心理学 [M]. 台北：正中书局，1989：1.
❸ 张立文. 和境——易学与中国文化 [M]. 北京：人民出版社，2005.

这样的客观需要；其次，我国创造学的研究，如同学科本身的发展一样，也存在着这种现实需求；再次，从我国创造学与国际创造学同步发展的角度来看，探讨或研究创造方法论、认识论等问题，已成为历史或时代提供给我们的一个有利契机❶。

（4）创造过程哲学提出的时代需求：创造过程的哲学思考有助于提高国民的创新精神、建设创新型国家。党中央、国务院做出建设创新型国家的决策，是事关社会主义现代化建设全局的重大战略决策。而建设创新型国家则需要努力培育全国人民的创新精神。而创造过程哲学研究对提高国民的创新精神、建设创新型国家具有深远的推动性作用。总之，创造和创新理论，成为反映当今时代特征的最强音，并显示出强大的生命力。正如江泽民同志提出的：进一步弘扬中华民族的伟大创新精神，加快当代中国的科学技术创新体系建设，全面提高我们的创新能力。这对于实现我国跨世纪的发展、实现中华民族的伟大复兴的宏伟目标，是至关重要的。这一切重大举措，既表明创造过程哲学的提出是时代需求，也为创造过程哲学创造了必要的条件。

2.1.2 如何研究哲学视野中的创造过程

英国数学家、逻辑学家，A.N. 怀特海创立了过程哲学，他在《过程与实在》一书中对过程哲学进行了透彻讲解。怀特海认为每一种哲学理论中都有一种根本原则，在过程哲学中，这种根本原则叫做"创造性"。他一方面坚持用创造性原则来说明宇宙及其过程，另一方面明确地提出了他的形而上学原理所采用的基本方法是以流变和生成为基本特征的动力学方法，而不是静态的形态学描述方法。过程哲学作为当代西方哲学发展缩影，其坚持的创造性原则、整合观及其生成观对于现代创造学哲学理论的建设有着重要的意义。

近些年来，随着创造理论研究不断深入，在国内创造学界，人们意识到，问题不在于哲学要不要研究创造创新过程，而在于究竟如何研究"哲学视野中的创造过程"。借鉴怀特海过程哲学所提供的方法论启示，创造过程哲学的研究，要想得出真正符合实际的结论，需要以更加广阔的动态化视野去考察同样广阔的创造过程，而不能拘泥于从静态化维度去描述。

---

❶ 傅世侠，罗玲玲. 科学创造方法论［M］. 北京：中国经济出版社，2000：77.

著名的科学哲学家邦格（M. Bunge）提出，要把技术哲学的研究重点放在"探讨技术本身所蕴含的哲学问题以及技术过程所提出的哲学思想上"。❶借鉴邦格的技术哲学研究内容启示，哲学视野下的创造过程研究的重点也应放在"探讨创造过程本身所蕴含的哲学问题以及创造过程所提出的哲学思想上"。从哲学视角反思创造过程，就是要对不断实践过程中的不同类型的创造所遇到的带有普遍性、共性的问题进行理性的思考，从中揭示阻碍或促进创造性实践的根本原因，揭示创造过程的哲学本质，并最终为创造实践及其理论研究提供认识论和方法论指导。

鉴于上述研究方法和研究内容的启示，从哲学视角研究创造过程至少可以做如下工作：研究方法上，整体考察创造过程，对其进行立体性的动态描述。研究内容上，从方法论的视角研究创造过程，侧重于研究东西文化背景下创造方法理论，从西方创造技法与中国传统创造之道的融合来分析创造过程；从认识论角度，认识并把握创造思维过程和创造过程的客观规律，以求达到对创造过程的整体领悟；从价值论角度，侧重于从创造过程的价值追求的维度，分析创造价值的实践过程，以及创造过程中方法论、认识论与价值论的互动关系。

2.1.3 微观视野下的创造过程分阶段模式

文献研究表明，关于创造过程的研究，大多数学者都是从心理机制上将创造过程寓于思维活动的过程中予以考察，以至于当人们一说到创造过程，所指的都是局限于创造主体的思维活动过程这一微观视角。西方创造心理学以脑科学、心理学与认知科学域为基础，指出创造心理学中的创造过程是指个体从开始创造到产品落实时的一段心智历程。这种微观视野下的创造思维过程理论，除了哲学上的思辨性论述外，大都是那些曾经有过重大的科学发现，并具有强烈创造思维过程体验的著名科学家所做出的生动的描述和抽象分析。这种观点通常都采用过程化阶段性划分的策略，提出各自的分阶段式的创造思维过程模式，从而使之成为一种有可能对更多的人具有启发性的"科学的理性模式"，也即理性的认识工具或方法。❷

---

❶ 李永红. 技术认识论研究 [D]. 上海：复旦大学哲学学院，2007.
❷ 傅世侠，罗玲玲. 科学创造方法论 [M]. 北京：中国经济出版社，2000：77.

早期的微观创造过程理论主要来源于著名科学家的自我分析和内心体验。最早对创造过程内心体验作明确自我反思分析的是德国著名的物理学家和生理学家赫尔姆霍兹（Helmholtz，1821~1894），他通过创造活动自我体验，对思维过程作出了较为经典的描述。赫尔姆霍兹根据自己的研究体验认识到，整个创造活动过程包含着三个阶段：①最开始一种持续不断的研究，直到不可能再继续下去；②一段时间的停顿休息和彷徨徘徊，然后再恢复研究；③一个意想不到的答案突然的发现。这是创造过程的体验自陈，是一种经验模式。后来法国数学家彭加勒（J. H. Poincare）在其基础上又加上了一个阶段：即④有意识的努力时期。法国数学家阿达玛（J. Hadamard）进一步验证了以上四阶段模式，并给出四个阶段的初步命名。

1926年英国心理学家沃勒斯（W. wallas）以心理学方法为基础，广泛吸收艺术家、发明家乃至其他方面著名人物的创造过程体验与自我陈述，进一步提出经典的创造过程四阶段模式。他认为，无论哪一个科学家、艺术家、发明家，也无论其发明创造的成就具有多大意义，任何发明创造过程中的思维都大体经过四个时期：①发现问题，收集资料，以及总结前人的经验的准备期；②利用现有的知识和方法，对问题作各种探索性和试错性解决，而无法找到答案，进而冥思苦想的酝酿期；③在不断酝酿的基础上豁然开朗、灵感顿生，新观点和新思想突然出现的明朗期；④对灵感、直觉突发性获得的新观点、新思想进行逻辑的检验和证明的验证期。[1] D. 费邦在沃勒斯四阶段模式的基础上又增加了三个具有"启示"性的阶段，将创造性思维过程划分为"七个阶段"的模式：期望、准备、操纵、孕育、暗示、顿悟、校正。

奥斯本（Osborn）也把创造过程分为以下七个阶段：包括定向、准备、分析、观念、沉思、综合、估价等。

上述理论虽然从思维的角度清晰地划分创造过程，但事实上，在创造过程中阶段之间并不是完全隔离的。而且各阶段之间的顺序也并非固定不变的，甚至还可能出现交叉的情形。因此，这种微观的分阶段论仅是一种经验性的模式，不能作为刻板的、固定的程式去遵循，只可用于借鉴或参考。

S. 阿瑞提曾批判了上述创造过程理论，认为上述几种理论没有去研究最

---

[1] 刘仲林. 中国创造学概论［M］. 天津：天津人民出版社，2001：182-186.

后的"启迪"是怎么发生的，按他们的观点就是认为"启迪"刚好就发生了，因此，上述分阶段模式无法揭露创造过程的根本机制，因而也没能有突破性进展。阿瑞提在其名著《创造的秘密》中继续指出："必须把创造过程和创造产品严格区分开。创造过程与那种能称之为产品的东西形成对比，它完全失去新与崇高的特征。在很大程度上是由古老的、不再使用的和原始的心理机制所组成；这些心理机制通常处于心灵的深层，隶属于弗格伊德称之为原发过程的领域。❶ 进而，S. 阿瑞提从心理活动的机制出发，提出创造活动有三个过程：原发过程、继发过程、第三级过程，创造力的秘密就隐藏在三个过程的相互关系之中。❷

西方创造心理学领域把创造过程分为几个阶段，把每一个阶段中起作用的特征揭示出来，进行细致地划分，在创造学研究的历史上具有重要意义，对促进创造力研究起到了积极的作用。但是这种传统的关于创造过程的研究，是一种微观层面上的创造过程，大都集中在两个视角上：一是关于著名科学家、发明家的创造活动的自我分析和内心体验，极具浪漫主义色彩；二是重视思维的自由活动，把创造性思维作为创新过程中的关键性因素。上述两个方面的研究成果尽管十分有趣，但是也存在一定的局限性，他们把发明创新归结为联想、想象、直觉、灵感等主观因素的结果，把创造过程的本质，表象地归结为是创造性思维孕育、产生和物化的过程，却不能为创造主体提供更多有用性的深层的东西。

心理学家的注意力主要集中在心理因素方面，更关注对人的心理调节，调动人的内在潜能的特点。心理因素是第二性的、随意的、不可控性。直到今天，依然有很多心理学家认为控制创造过程并不比控制星体运行现实。这种以西方心理学理论研究为基础而不断发展起来的西方创造工程学对创新过程的研究偏重于从主体人格和心理学的角度提供技术创新认识论和方法论，可起到激励思维、产生创意的作用。但是，考察创造过程的各类分阶段模式的本质，主要是以关注创造主体的行为过程为核心，忽视了创造客体在创造过程中的作用，使创造过程缺乏创造过程客观规律的指导。苏联创造学家、

---

❶ S. 阿瑞提. 创造的秘密 [M]. 钱岗南, 译. 沈阳：辽宁人民出版社, 1987：14.
❷ 林可济. 对创造性思维的全方位研究——《创造的秘密》述评 [J]. 自然辩证法研究, 1995, 11 (3).

发明家 Genrich S. Altshuller 指出："分析这种过程，对于我们的创造活动毫无意义"。由于无视技术发展客观规律的存在，没有从技术学领域来对技术创新的客观规律进行研究，不适于解决复杂的技术问题。这好比研究一个航行在弯曲河道上的舵手的行为，不去了解河道本身的情况，只想用心理因素解释舵手的行为。同时，由于知识积累和管理在创新过程中的作用被忽视，使得创造实践缺乏知识性的指导而过于随意和主观。

分阶段模式是研究者将创造性思维过程看成几个阶段构成的，无论是四阶段、五阶段或者七阶段说，即把创造发明过程的研究，简单地归之于创造的心理学问题，好像创造只是一个纯粹内心的思维过程，好像创造只是创造主体的心理行为过程。但是，一旦超越传统心理学视野，从更高的层次上审视重建创造过程，就可以发现，传统创造过程理论并未能解决创造过程中方法的应用、认识论的指导，创造过程对于研究者来说仍是一个黑箱。

2.1.4 中观视野下的创造过程论

中观视野下对创造过程的界定，一方面从时间和空间维度出发，将创造过程分为四个阶段，明确问题阶段、确定方案阶段、实施方案阶段、回顾总结阶段，如图 2-1 所示。从中观角度来划分创造过程，似乎创造过程就是完成一件任务的一个流程式，创造过程的特质被遮蔽，当然，这种创造过程的哲学核心也难以体现。

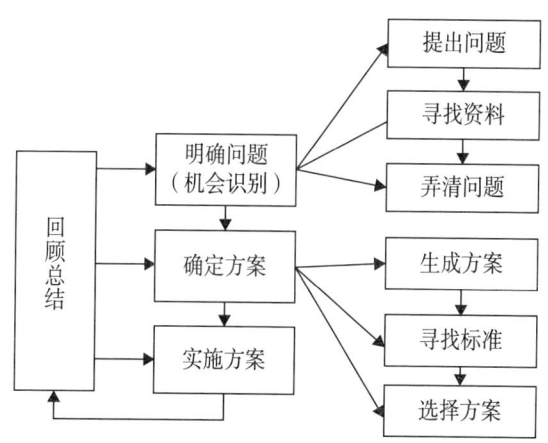

图 2-1 创造过程的空间和时间分布

另一种研究框架则是从中观的视角，把创造分为创造主体（person）、创造过程（process）、创造成果（product）和创造环境（environment 或 place）的 4P 框架，如图 2-2 所示。

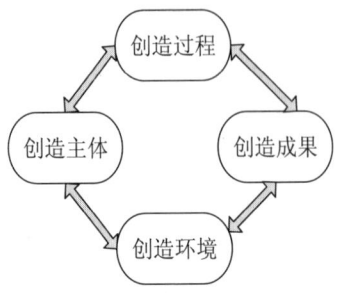

图 2-2　创造过程的 4P 框架

4P 框架是一种较为普遍的创造过程研究模式。由于把创造分为创造个人（主体）、创造过程、创造成果和创造环境四个组成部分，导致创造学界关于创造的产生有了以上四个不同的视角，并且国内外诸多学者也分别从这四个方面展开了对创造的定义的研究。在现代，"创造"一词已经涉及了社会生活的方方面面，创造究竟是什么？仁者见仁，智者见智。1983 年日本创造学会曾征集会员对创造的定义，后经学会专家汇总整理，分别从创造主体、操作过程、创造成果、创造境界等方面概括出创造的很多定义，如表 2-1 所示。

表 2-1　创造的定义

定义角度	定义列举
创造成果	1. 创造就是把已知的材料重新组合，产生出新的事物或思想。（恩田彰） 2. 所谓创造，是主体综合各方面信息形成一定目标，进而控制或调节客体产生有社会价值的、前所未有的新成果的实际活动。（甘自恒） 3. 创造是主体为实现一定目的，控制客体以有灵感思维参与的高智能劳动，产生有社会价值的前所未有的新成果的活动（鲁克成　罗庆生）
创造过程	4. 创造是产生我们通常认为有创造性的产品的过程。（D. N. 柏金斯） 5. 创造是个体或群体生生不息的转变过程，以及智情意三者前所未有的表现。（郭有遹） 6. 创造首先是顽强的、精细的、同时富于灵感的劳动，这种劳动要求人的全部体力和智力高度的紧张。真正的创造总给社会以有益的有意义的成果（波果斯洛夫斯基）

续表

定义角度	定义列举
创造主体	7. 创造者,人类以自己的自由意志选定一个自己想要达到的地位,便用自己的心能闯进那地位去。(梁启超) 8. 成能才是成性,这成的意义就是创。(熊十力) 9. 创造,是人类的传奇,因为它体现了一个人的个性,所以是意志的具体表现(小川藤弥)

从创造主体的角度来界定创造,则久田成认为,"创造,是以人类大脑左右半球的信息交换为基础产生的新的文化的行为";小川藤野提出,"创造,是人类的传奇,因为它体现了一个人的个性,所以是意志的具体表现"。

从创造过程的角度来定义创造,比较有代表性的有:高桥诚则认为,"创造是综合不同质的大量信息情报,对社会或个人产生新价值的过程和结果"。D. N. 柏金斯认为,"创造是产生我们通常认为有创造性的产品的过程";波果斯洛夫斯基则指出,"创造首先是顽强的、精细的、同时富于灵感的劳动,这种劳动要求人的全部体力和智力高度的紧张。真正的创造总给社会以有益的有意义的成果。"上述虽然从创造过程的角度对创造进行了界定,但都落实到"创造产品"上,这些界定并不能对创造过程这一重要的实践存在给人以满意的解释。

从创造成果的角度来定义创造,恩田彰认为,"创造就是把已知的材料重新组合,产生出新的思想或事物";甘自恒认为,"所谓创造,是主体综合各方面信息形成一定目标,进而控制或调节客体产生有社会价值的、前所未有的新成果的实际活动";鲁克成、罗庆生则认为,"创造是主体为实现一定目的,控制客体以有灵感思维参与的高智能劳动,产生有社会价值的前所未有的新成果的活动"。

由于创造成果是整个创造过程中最直观、最容易把握的对象,因此,对它的考察,是揭示不同领域的创造活动特征的最为一般、最为直接的突破口,所以从创造成果的层面来解析创造过程的方法最为广泛。从创造成果的角度去揭示创造,往往很少顾及到创造成果产生的具体过程。这种对创造的界定虽然是正确的,但只是一种表象,因为它没有揭示出创造成果一般特点的根源;这种阶段也是功利性的,因为它即使没有完全忽视创造的过程,但还是把创造过程挤出创造的成果之外,只把成功与创造联系在一起,而无视失败

的尝试，而且更重要的是它没有说明功利主义的实现是如何完成的；这样一来，创造的成果何以能够产生依然是完全神秘的问题。❶

阿瑞提则尖锐地提出："必须把创造过程和创造产品严格区分开。创造过程与那种能称之为产品的东西形成对比，它完全失去新与崇高的特征……"❷ 在他看来，创造产品是独立于创造之后或创造之外的地位卑贱的东西。

刘仲林教授分别从创造成果、创造过程、创造境界、创造本性四个方面论述了创造的四层含义，对创造作一个四维一体的界定。定义一，从创造成果看，创造是赋予新而和的存在；定义二，从创造过程看，创造是对已知要素进行组合和选择的过程；定义三，从创造境界看，创造是人在立新中达到的"知行合一"境界；定义四：从创造本性看，创造是人在立新中"天人合一"本性的呈现。前两个定义目的在于"成物"，后两个定义在于"成己"。这四个定义结合在一起就构成了一个四维一体的创造形象，这种中观视野下创造分层论从创造主体、创造过程、创造成果等不同角度对创造进行了界定，构成内外结合、动静结合的"成物""成思""成己"的立体"创造"形象。❸ 如图 2-3 所示，这种研究模式是很有深意的。

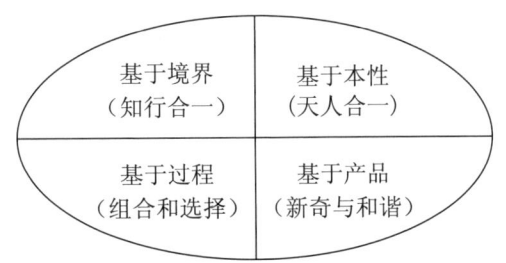

图 2-3 创造的四维一体的定义

上述中观层面的关于创造概念的界定，一方面刻意把创造过程与创造主体、创造成果、创造境界等分开来论述，而另一方面在界定当中，却又无意识地不可避免地把它们交织在一起。

事实上，创造过程并非独立于创造主体和创造成果之外。创造成果不仅

---

❶ 李铁强. 试论创造的本质 [J]. 科学技术与辩证法, 1997 (5).
❷ S. 阿瑞提. 创造的秘密 [M]. 钱岗南, 译. 沈阳: 辽宁人民出版社, 1987: 14.
❸ 金丽, 刘仲林. 创造观: 中西哲学会通建设的新视点 [J]. 江淮论坛, 2013 (1).

仅就是存在的物质成果，还是一个成果不断产生的过程。创造的成果虽在一定程度上体现了创造的内在本质，如果把创造的成果与成果产生的过程分割开来，把创造成果孤立于过程之后或过程之外来考察，那么它的产生与出现仍然是神秘的，也就无法构成完整意义上的创造；同时，创造主体存在于创造过程当中，创造主体的境界体悟和本性觉悟方面也是创造过程中的一个重要部分。因此，对创造主体的思维结构和创造成果的界定的探讨，光靠静态把握是不够的，因为，这种静态的、孤立的界定存在着一定的不完整性。李铁强教授指出，创造的本质即是一个过程，这个过程从问题的提出开始，着重于分析解决问题的途径，终于问题的解决。因此，要揭示创造的本质就必须从过程论的层面进行把握。❶

由于创造本身是一项活动，就决定了创造就是一个动态的过程。因此，研究创造，就有必要从动态上进一步对创造活动过程中所表现出的基本特征加以探讨。就过程本身来说，创新是一种创造性的活动，是创造主体对创造对象进行选择、组合、试错和决定的过程，同时也是主体变革旧事物、创造新事物的过程；就过程目标而言，就是创造出新颖的、从未有过的事物，这些事物，既可以是物质产品，也可以是精神产品，还可以是人类的新关系和某种新的需求。从过程的角度来研究创造，主要着眼于"创"字，整个过程都具有创造性；从创造结果的角度来研究创造，主要着眼于"新"字，所创造的成果必须是新颖的，是前所未有的。当然，只有将两者综合起来，把创造既看作是过程，又看作是结果，才能获得对创造的全面认识。尽管创造的最终目的是要达到新的结果，但是，如果没有创新过程，结果也是会落空的，它取决于创新的过程。所以，两者比较起来，研究创新的过程，比研究创新的结果更为重要。❷

2.2 创学视野下创造过程哲学理论

创造作为过程而存在，是创造主体运用各种创新手段，作用于创造客体，

---

❶ 李铁强. 试论创造的本质 [J]. 科学技术与辩证法，1997 (5).
❷ 孙显元. 创新过程的基本要素 [J]. 理论建设，2006 (1).

实现创造的目的，并把它转化为创造结果，由此构成创造活动的全过程，因此，它本身就是一个动态的过程。关于创造是一个过程的思想，是理解创造本质属性的关键，无论是创造过程，抑或对这种过程的研究，都需要首先以整体论原则为基本出发点，而不宜拘泥于客观过程的细枝末节，即要去寻求整体结构上的真实性，而不是零零星星的真实性。如果不把创造看作一个整体过程和系统，就无法理解创造。而微观和中观层面的创造过程虽都有其合理处，但都是就过程论过程，直接机械划分创造过程，缺乏对创造过程的整全的动态审视，缺乏创造过程中内在的所意味的东西，因而具有一定的不完整性。主要表现在：第一是没有揭示出创造实践活动过程的本质和目标；第二是缺乏对创造过程中，创造主体、创造对象和创造工具之间一体化的协同过程的研究。

创造实践的过程，是一个系统化的过程。在这个过程中，所谓系统包含着创造过程中各个要素的总和，即创造主体和创造客体、创造工具和手段、创造材料、外界创造环境等的总和。中国学者储建中指出，系统的各个组成部分都在为一个共同的目的服务，因此，他反对过分强调和夸大某个或某几个因素的作用，如果缺少和失去其他任何一个或几个因素，即变量，那么必然影响别的变量，从而使创造的发生过程面目全非。换句话说，既要从创造发生过程的整体出发，也要考虑其各个部分之关系。❶

2.2.1 创造过程四个层次

创造过程是一个多元选择的过程，是创造主体在系统的层面上审视事物和过程的多样性，依据创造过程客观规律，采取的不同的方法或途径，对创造客体做出选择，以赋予创造过程价值和意义。

因此，创造过程系统理论，不能满足于单纯地描述人类创造的生理机制、心理机制，也不满足于从空间和时间等视角对创造过程进行隔离式的框架划分模式，而是试图从哲学的高度，审视系统创造实践过程全景，这种系统性的哲学审视就像是一面"三棱镜"，能把创造过程这束"复合光"分解成不同的"光谱"，不仅是方法论，而且也有认识论和价值论等，如图2-4所示。

---

❶ 储建中. 创造发生过程的一般研究 [J]. 内蒙古社会科学，1991 (4).

第 2 章 创造过程理论基础

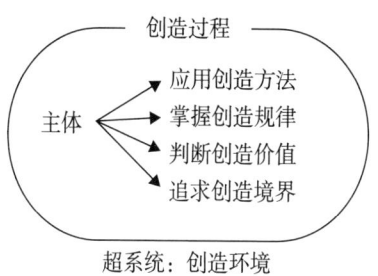

图 2-4 创造过程四个层次

宏观层面的创造过程，应该是一种更加多维和综合的存在。研究这个过程，不是去论证这个"作为过程的创造"，而是去描述这个过程，并且分析、揭示这个过程。从涵盖的内容和层次的高低来看，这个过程大致可分为四个层次，如图 2-5 所示：第一层次，是创造过程中创造技法的开发与应用，是以"求物"为目标；第二层次，是创造过程中创造主体思维活动，是以"成思"为目的；第三层次，是对创造规律的探索，是以"求真"为核心；第四层次，是创造过程中对创造价值的判断、创造境界的追求等，是以"求和"（兼美真善）为最高目标，这几方面是相互相成、互为促进的。

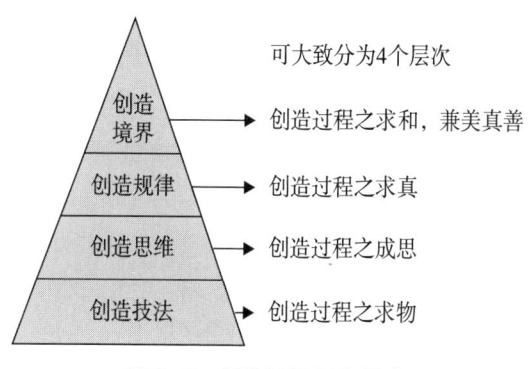

图 2-5 创造过程四个层次

创造过程系统理论克服了传统的从创造主体、创造成果、创造心理过程等层面对创造实践进行割离的定义范式，提出集创造方法、创造认识和规律、创造境界追求为一体的完整的、系统的创造过程理论。目前，理论界鲜见关于"创造过程系统论"的哲学研究，把创造过程作为对象，从哲学的视角进行研究，可以算是一种大胆的尝试和探索。因为，不论是对创造理论本身的研究，还是对促进创造实践的创造方法的研究,都离不开对创造过程的哲学反思,只有深入创造实践的动态过程中,研究其中诸多带有普遍性的哲学问题,找到阻碍技术创新的障碍,才能为深化创造学的研究找到一条切实可行的路子。

随着国内创造理论的发展,以打通古今、融贯东西、科技与人文交融为宗旨的"创学"理论的深入发展越来越引人注目。本书借鉴刘仲林教授的"大创造观❶"构想(如图2-6所示),以"创学"为引领,创建传统和现代交融、东方与西方会通的具有本土特色的创造过程系统理论。它既可以从理论上丰富创造学体系,同时也找到了创造哲学走向现实的中介,使得创学研究走出象牙塔,为实践服务。图2-7为创学体系结构。

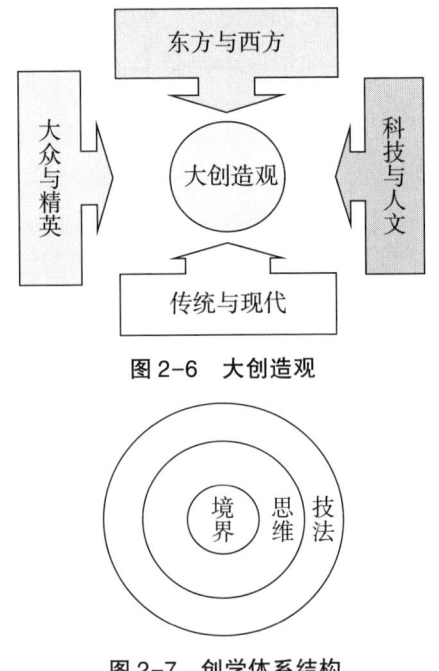

图2-6 大创造观

图2-7 创学体系结构

2.2.2 创造过程哲学研究框架

本书围绕"创造过程论"这一核心论题,综合分析国内外创造理论研究成果现状和存在的问题,通过比较与融合的途径,从创学视角分析和定位创造过程,在中西文化背景下对创造过程进行了深入的研究,从创造过程论的

---

❶ 汪寅. 科学原始创新问题初探 [D]. 合肥:中国科学技术大学,2007.

视角建构了中西创造观融合、科技与人文会通的创学理论。

从方法论角度，阐述了创造方法由"没有方法—创造技法—无法而法"的否定之否定过程，提出了以"创造之道"为核心、从科学逻辑方法向无法而法超越的方法论转向。

从认识论层面：揭示了创造过程中的第一性与第二性问题，从同一性的角度出发，提出基于知识、面向人的创造过程理论与实践方法；从唯物辩证法的视角对创造过程理论进行解析，揭示了一种辩证式的创造观，促进创造实践与哲学认识的统一。

从价值追求和境界观方面：通过比较中西创造价值取向和中西创造境观的异同，提出"道"与"IFR（最终理想解）"融合的动的天人合一观。

从学理与实践两个层面探讨了创新过程认识论、方法论、价值论三者的互动关系，以及"知思行合一"的创学实践方法。

结构框架如图2-8所示。

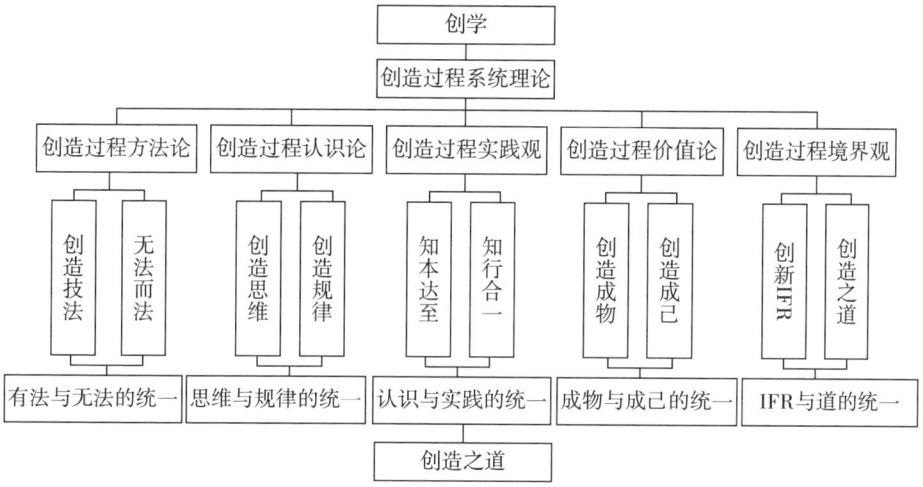

图2-8 创造过程理论结构框架

2.2.3 研究路线与研究方法

本书以"历史—现实—未来"为逻辑思路对课题进行研究，以"创造过程"为主线，通过收集相关资料进行理论分析，运用哲学比较分析法，对东西方创造过程理论进行对比展开，通过分别说、比较、并最终走向辩证的和谐，实现对创造过程系统的、动态的研究。

研究方法上，在历史与逻辑相结合综合考察与比较分析的基础上，充分地运用了不同门类学科的关于创造过程的具体研究资料作为依据和素材，体现了哲学理论研究与科学实践相结合的特点。通过这种理论与实践的结合，能够深入地探析创造过程中的方法论、认识论、价值论等思想原则的启迪。

（1）哲学分析方法。注重历史的和逻辑的推演，从历史和推演的角度分析了创造方法的演变过程和未来的发展方向；运用哲学分析方法，分析 TRIZ 创新理论的优势和弊端，揭示其内部蕴含的创造哲学思想，分析创造过程的哲学认识论和价值观，并分析了三论之间的互动关系，做到抽象与具体、分析与综合、历史与逻辑、批判与继承相统一，达到全面认识创造过程的内涵与本质。

（2）纵横比较研究法。一种理论体系的思想内涵和价值往往需要置于其他的理论背景上加以解释，才有可能充分阐发其意义。中西文化背景下的创造过程哲学体系和理论价值也需要在相互的映射和比较中显示出来。因此，研究过程以"同中观异""异中求同"的方法，进行横向比较分析。以创造技法为切入点，从方法论的角度，提取西方文化背景下"创造技法"与东方文化背景下"无法而法"的差异性以及共轭之处；从认识论的角度，比较东方意象思维的创造意会过程与西方逻辑思维主导的创造分析过程的不同，以其实现二者的融合；从价值论的角度比较西方以"经济效益"为目的创造价值取向和东方以"天人和谐"为目的价值取向的差异性，并对比分析现代西方以"IFR"为追求的创新境界观和中国以"创造之道"为追求的创造境界观。纵向比较古今创造过程的方法论由"无法—有法（创造技法）—精密的方法（TRIZ 方法）—无法而法"的嬗变历程；纵向对创造过程微观和中观研究理论进行梳理与总结。

（3）跨学科分析法。由于创造过程本身并不是局限在某一学科专业，而是融诸多学科为一整体的交叉学科。采用交叉学科的规律和方法，研究内容上涉及多门学科的具体知识，并结合不同门类学科的关于创造的研究成果，各章节根据相关主题在不同学科之间自由驰骋。从系统学的角度描述创造过程动态化特征；从创造工程学的角度研究创造技法的演进历程；从创造心理学的角度研究创造思维过程，从技术创新哲学的角度分析创造过程中的客观规律；从文化的角度分析创造文化的构建；跨学科的视野研究创造过程系统内部诸多因素的协同性，以促进创造哲学研究走向全面、深入发展。

2.2.4 研究思路

研究思路突破了一般的对创造进行的孤立的、片面的、静态的研究模式，以创学为指导，从过程的、系统的、动态的角度研究人类创造实践方法的嬗变与应用、认识论的追问与反思、价值判断与境界追求，从而建构了一个新的研究框架。

（1）从创造学的视角分析和定位创造过程，将西方创造过程理论与中国传统创造观结合，对创造实践过程中的带有普遍性、共性的问题进行理性的思考，从中揭示创造过程的本质，为创造实践及其理论研究提供方法论指导，也为创造学研究发展提供了一个新的进路。

（2）从反思创造方法理论的嬗变过程切入，比较 TRIZ 创造方法与中国传统文化背景下的无法而法为，从方法论层面上升并提出了中西创造方法的融合的创学理论；融合"以我观之""以物观之"，上升到"以道观之"，对创造过程的进行了认识论追问，并将创造提高到唯物辩证法的哲学层面，揭示了一种辩证式创造观，从境界观的角度比较分析了 TRIZ 理论（创造性解决问题理论）中的技术境界（IFR，最终理想解）和中国传统文化背景下的创造境界（道），揭示了不同文化背景下的两种境界观的天人共轭，提出创学时代下的两种境界的贯通。并以"天人合一"为追求，从理论上分析创造方法论、价值论、认识论由"碎片化"状态走向系统、融合与三者之间有效互动的可能，提出创造价值论从形上的超越走向形下的创造实践过程的对策和建议。

（3）西方学者与中国学者对于创造过程哲学本质的认识既有相互通约的理解，又包含不同的文化特色。以创造过程哲学研究为主线，以传统和现代交融、中西方创造观融合、科技与人文会通的创学理论为引领，在中西文化背景下探讨两种创造观的融合的进路，同时，又为以创造实践为手段来推动两种文化交融的创学理论的建构提供了可能。

2.2.5 研究意义

从哲学高度上说，创造过程论是把创造当做一个动态的过程来进行考察，不仅是对创造本质进行考察，而且延伸到创造过程方法论、认识论和价值论

领域,揭示出创造过程三论中所蕴含的核心问题,有一定的研究价值和理论意义,具体体现在:

(1) 理论意义。由于我国学术界关于"创造过程"的哲学研究涉及甚少,但是不论是对创造理论本身的研究,还是对促进创造成果产生的创造方法的研究,都离不开对创造过程的哲学反思。而且,只有深入创造的动态过程中,站在创造实践过程内部,研究其中诸多带有普遍性的哲学问题,找到创造实践的本质,才能为深化创造哲学的研究找到一条切实可行的路子。因此,本研究课题既可以从理论上丰富创造哲学体系,同时也找到了创造哲学走向现实的中介,使得创造哲学的研究走出象牙塔,为实践服务。同时,用哲学思想来指导西方各种创造理论的"本土化"推广和应用过程,更有利于形成具有中国特色的创学体系,还有丰富中国哲学的理论意义。

(2) 实践意义。哲学思想对于技术创新活动起着指导性作用,对创造过程哲学的理论研究,能为创造创新实践提供认识论、方法论的指导。在处理人与自然之间的关系时,创造哲学有助于把单纯"维持生态平衡"的思路导向积极主动地"创造不断发展的良性生态环境"的新思路。❶

(3) 文化建设。由于各技术领域知识的相互联系、相互渗透,技术创新研究也日益科学化、理论化,技术创新的研究越来越需要哲学思维的指导。以"创"(西方精华、时代精神)和"道"(东方神韵、中学标志)构成的创学日益成为一种显学,"创学"作为广义地的创造学,比传统"创造学"有更丰富的内涵和包容性,因此,在"创学"思想的引领下,系统地分析创造过程中存在的哲学思想,不仅为创造学研究发展提供了一个新的研究进路,还为中国哲学的发展提供新的视野。以创学为引领的创造哲学将主动介入分离的人类精神走向统一与融合,从创造方法论、认识论、价值论和创造境界追求等方面促进科技主义与人文主义、东方文化与西方文化等对立各方综合统一于全新的人类生存智慧中❷,并且在这种全新的人类生存智慧的基础上,逐步解决各种各样的人类问题。

---

❶ 金马. 创新智慧论 [M]. 北京:北京师范大学出版社,1993.
❷ 衣俊卿. 论人类精神的跨世纪走向 [J]. 求是学刊,1992 (1).

参考文献

[1] 刘仲林. 关于中国"创学"建设的东西方文化会通创学建设 [C] //张开逊, 等. 培育智慧. 北京: 北京工业大学出版社, 2009.

[2] 李嘉曾. 创造本质的哲学阐释与创造性思维方法的哲学总结 [J]. 东南大学学报: 社会科学版, 1999 (2).

[3] 刘大椿. 中国高校哲学社会学科发展报告交叉学科 [R]. 桂林: 广西师范大学出版社, 2008: 228, 229.

[4] 简红江. 国内外创造学发展比较研究 [D]. 合肥: 中国科学技术大学, 2012.

第3章　创造过程方法论的嬗变与反思

自古以来，人类用自己的发明创造，改造自然、创造世界，为社会的前进与发展开辟了广阔的道路，人类的发明创造是社会发展的巨大动力。任何创造活动都离不开一定的方法，创造方法的发展伴随着人类社会前进的步伐，只要有人类就会有创造，就会有相应的创造方法，它们表现了人类改造自然能力的发展变化。黑格尔给方法下的定义就是：在探索的认识中，方法就是工具，是主体方面的某个手段，主体方面通过这个手段和客体相联系。对创造过程本质的揭示是否是科学不仅取决于它自身，还取决于它能否与创造学方法论及创造技法统一起来。一般而言，创造的过程本质是创造学方法论和创造技法的理论基础，创造学方法论和创造技法是创造过程的本质在不同理论层次上的体现。如果把对创造过程本质的探讨同创造学方法论、创造技法割裂开来，那么创造过程的本质无论得到什么样的刻画都势必成为空洞的理论。

创造过程方法论所要解决的核心问题是：

如何才能使人们发挥出创造力？

如何刻画有效的、普遍的促使问题得以解决的方法？

人类文明的不同阶段，有不同内容、不同形式的创造技法。创造方法的发展经历了从无至有的显性生成过程，包括：第一，前技法时代（公元4~19世纪）——没有方法的时代；第二，创造技法时代（20世纪初至20世纪70年代）——几百种创造技法诞生的时代；第三，后技法时代（20世纪70年代至今）——TRIZ创新方法广泛应用与传播的时代。

中国文化背景下的早熟的创造方法论对"非法""无法而法"则有着独到的见解，事物的发展总是一个肯定、否定、否定之否定不断向前发展的过程，未来的创造方法必将走向由有到无的隐性转化，走向无法而法的时代。方法的演变是一种循环，从方法论到方法论的循环，但是这种循环不是原地不动的、而是螺旋上升的循环，在这个过程中，创造技法以往之成就，并非完全舍弃，而是容纳于新的成就之中，每一个新的否定之否定，皆增加了创造方法丰满之程度，这也正是创造的本质所在。

3.1 前技法时代

创造方法发展的前技法时代是指公元 4 世纪~19 世纪的启发法，"heuristics"（启发）源自希腊语 heuriskein，古希腊数学家帕普斯（Pappus of Alexandria）在公元 4 世纪首先提出该术语，亦称为探索法，是人们根据一定的经验，在问题空间内进行搜索，寻求解决问题的经验，从而快速解决目标问题的一种方法。启发法的内涵实质上是"单凭经验的方法"，是一种没有方法的方法，根据推测、直觉的判断或者只是常识。典型的启发法是偶然发明和试错法（Trail and Error，亦称为试探或试凑）。

3.1.1 偶然发明的世纪

科学家们怀着一定的目的和计划去探索未知世界，由于种种原因，却在探索过程中得到了计划外的意想不到的收获，这种偶然性在科学研究和发明创造中时常遇到。在 19 世纪及以前，大多数发明都是以经验为根据，通过偶然性获得了发明构思的机会。人类科学发展史充分证明，许多震惊世界的科学发明发现都产生于偶然的顿悟。传说瓦特（Jams Watt，1736~1819）因看到开水冲动壶盖，就悟出蒸气动力，因而发明了蒸气机。这一传言，虽不尽可靠，却说明偶然接触到的外界事物，能启迪人的思维；而灵机一动，则可产生惊人的创造发明。如历史上阿基米德因洗澡而发现浮力定律；牛顿从苹果落地现象中受到启发，从而系统完整地提出万有引力定律；门捷列夫梦中排定元素周期表等。19 世纪及以前，许多重要的科学发现和技术发明，皆因偶发事件而致成功，19 世纪也因而被称为"偶然发明的世纪"。当然，除了偶然，也得有一个有准备、善于反思问题的头脑，才能抓住往往是一瞬即逝的机会。

由偶然发现而获得发明的最神奇的例子要算石头上污垢清洗法的发明了。意大利保存有许多古代石刻和宫殿，经年累月，这些石刻和宫殿上积满了污垢并形成了滴水嘴，如何清洗这上面的污垢一直是一大难题。美国物理学家阿思玛斯到意大利给文物拍摄立体照片，当他的激光摄影枪"瞄准"这些滴水嘴准备拍照时，只听一声小小的"爆炸"之后，上面出现了一块洁白的地方；污垢吸收了激光能量，在高温高压下气化了，石头把激光反射回去，无任何损伤。这一无意的偶然发现解决了这个长期未解决的难题。❶

顿悟可算得上是偶然发明智慧中最精彩的部分。通过顿悟、灵感等偶然事件导致许多重要的科学发现和技术发明，突然的灵感闪现，有时可以找到解决问题的关键方法，使整个发明难题迎刃而解。

在生活中也会有一些突然出现的顿悟的情景。

在一次学术讨论会上，有一位教师候选人要向大家介绍他的研究成果。刚开始的时候，他就发现第一张幻灯片在屏幕上的位置太低了，于是大家就帮他想办法。一位教授大声问大家："谁有一本书或是其他什么东西？"有个人说他有一本书，那位教授又对大家说："不行啊，这本书太厚了，这样幻灯片的位置就会太高了"。那位教授再对大家说："不行啊，这本书太厚了，有没有薄一点儿的？"于是大家又赶紧找薄一点儿的书。过了一会儿，另一位教授喊道："天哪！我简直不敢相信！"然后他走到幻灯机前，拿起那本书，从中间翻开，垫在幻灯机下面，然后，他看了看所有的人，摇着头说："我简直不敢相信，这一屋子的博士中，居然没人会翻书！"

在上面的情境中，某个人突然意识到该怎么做的时候，就像是恍然大悟一般。这种恍然大悟——"啊哈！"经验——就是所谓的顿悟（insight）。❷

它表现为明显的一瞬间的灵感状态的来临。

在那个时代，人们主要注重发明的成果，而对发明的过程研究很少。心理学家大都在认为，发明是由偶然顿悟产生的，来源于突然产生的思想火花。格式塔学派的创始人之一 W. 柯勒曾用黑猩猩做实验，用七年时间研究了有关猿猴的学习和智力问题，并且指明了"顿悟"现象在解决问题过程中的作用。顿悟思维方法是创造主体应当具备的理论思维方法，顿悟思维方法在科学发现和技术发明中的确具有重要作用，我们应当认识到研究它的必要性和

---

❶ 发明的最初思路是如何产生的 [DB/OL]. http：//bbs. 795. com. cn/5871696562-01-4. html.
❷ 问题解决心理学 [DB/OL]. http：//blog. sina. com. cn/s/blog_ 4a2d4f090100jlje. html.

第3章 创造过程方法论的嬗变与反思

重要性。但是，依赖于顿悟和灵感产生想法的偶然性发明往往可遇不可求，偶然发明的顿悟和灵感火花很可能不会突然迸发。因为它具有以下特征：

突发性，即随机性：不能意识到何时、何地会产生什么样的结果。灵感既不能像逻辑思维那样按照一定的规律去有意识地推导出来，也无法去主动自觉地进行搜索。灵感是由人们在长期思考后因完全意想不到的原因而自发、触发或诱发的一种思维活动，它的出现没有任何的预感，难以预料、难以捉摸。例如，有一天，爱因斯坦正在朋友家的饭桌旁与主任讨论问题，忽然来了灵感，他便立即拿起笔并在衣袋里摸纸，但是没有摸着，于是他竟迫不及待地用手指蘸奶油在新桌布上写下刚刚浮现于脑海的公式。

瞬时性：顿悟的偶然出现就像闪电一样，霎那间闪过人的脑际，瞬息即逝。我国宋代诗人潘大临，一次诗兴勃发，刚写下"满城风雨近重阳"这一妙句，忽然催租人到来，打断了他的诗兴和思路，后来，他虽绞尽脑汁地想，但再也写不出一句恰当的续句。

飞跃性（不连续性）：即其思维过程及出现的结果与平时的思维不是一种连续的、自然的进程，而是一种产生了质的飞跃的过程。茅塞顿开、恍然大悟，其实正是指其思维过程的飞跃性。

灵感说和顿悟说都把创造看作是内心的瞬间完成，由于其突发性、随机性、跳跃性、兴奋性，甚至稍纵即逝等特征，而忽视了创造的过程性，因而，也给创造过程蒙上一层神秘的面纱，导致人们认为创造是少数人的特权，只有少数有创造天赋的人才能从事创造活动，大家都只能望而却步。当然，创造技法绝不是以偶然而又不可思议的"灵感""顿悟"所能概括的，对于复杂的问题单凭灵感和顿悟是远远不够的。

难道我们要等待100年获得顿悟？

图3-1 灵感与顿悟

3.1.2 没有方法的方法

18世纪工业革命以后，技术发明的方式已从生产过程中偶然的"试错"方式逐步转变为发明家有意识的"试错"的实验方式。韦特海默在其《创造性思维》一书中指出，"人们永远无法预测什么时候会出现成效卓著的建议。……在解决问题中，思维者本人仅是对所提出的解决办法做出判断。他的态度和动物的尝试差不多。……不同的是尝试只在想象中进行而不是真正的行动。总之，这是一系列尝试错误的过程，通过联想提供一些建议。"❶ 当然，试错的方法在动物的行为中是不自觉地应用的，在人的行为中则是自觉的。

哲学家波普尔在科学知识增长四段论图式的基础上提出了他的试错法，即不断选择各种解决方案，面对问题时，问题解决者尝试采取不同的解决方法，从错误的解答中找出问题的关键，最终获得问题解决的方法。它的本质是排除法，具有试探性、批判性、检验性三大特征。运用试错法，依据经验不断尝试可能的解决方案，直到找到问题的解决方案或者所有可以尝试的方案都已试完，整个试错过程结束。试错的策略有两种：按优先次序或按随机次序。按优先次序试错，首先尝试最有可能的方案，接着尝试可能性稍微次之的方案。按随机次序试错，采用随机的方式来尝试可能的方案，如图3-2所示。

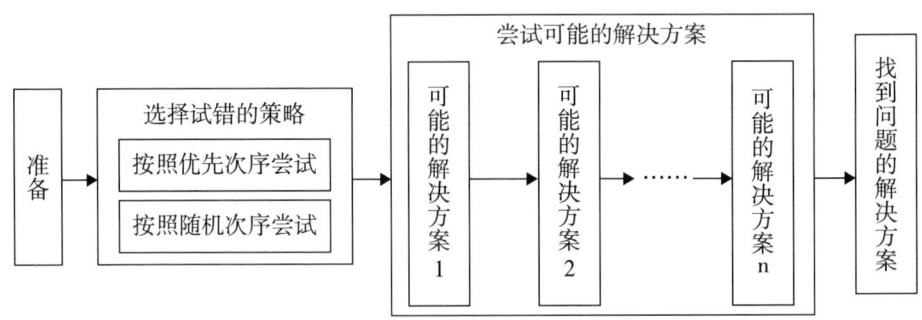

图 3-2　试错法解决问题过程

试错法，提出了"人在错误中学习"的口号，为科学方法论增添了新的内容。但究其本质，仍是一种没有方法的方法。

---

❶ 韦特海默. 创造性思维[M]. 林宗基，译. 北京：教育科学出版社，1987.

第3章 创造过程方法论的嬗变与反思

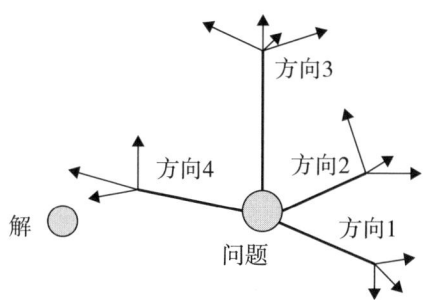

图 3-3 试错法模型

如图 3-3 所示,设计人员根据经验或已有的产品沿方向 1 寻找解,如果扑空,就调整方向,沿着方向 2 寻找,如果还找不到,再变换方向 3,如此一直调整方向,直到第 N 个方向碰到一个满意的"解"为止。这是最原始的求新方法,也是历史上技术创造的第一种方法。

对于发明创造而言,试错法的成果在 19 世纪是非常卓越的,电动机、发电机、电报、电话、收音机、变压器、照相机等的发明都是由试错法产生的。从尝试错误中寻求成功是发明家长久以来最常使用的创新问题解决方法,连发明天才爱迪生也没有其他的捷径,其效率很低,以致陷于问题的同一层次中。爱迪生,一生中有一千多项发明创造,爱迪生认为他平生从来没有做出过一次偶然的发明,他的一切发明,都是经过深思熟虑、严格试验的结果。事实上,爱迪生的实验大多采用了试错的方法进行实验,爱迪生也因此被认为是依靠试错法成功的典范。爱迪生在电灯的发明实验过程中试错失败了 7500 次,为了寻找白炽灯的耐热材料,他和助手们试验了各种金属、石墨、木材、稻草、亚麻、马鬃,以至人的头发等计达 1600 多种材料。经过千百次的试验,最后终于利用碳丝做成了灯泡,成功地点燃了世界上第一盏有实用价值的电灯。后经进一步努力,爱迪生又完成了一整套配电系统的研制任务。从此,电灯便逐渐地完全代替了煤气灯。

19 世纪末,爱迪生改进了试错法。他把一个技术问题分为几项具体课题,即子课题,爱迪生的试验厂近千人。工人也分组对各项具体课题同时进行尝试各种解决方案的选择,这就大大地缩减了尝试的时间,增加了尝试的有效性及成功的可能性。所以,有人说爱迪生最伟大的发明是他发明了这样的科学研究机构。

他的名言"我并没有失败过一万次,只是发现了一万种行不通的方法"也被广为传诵。但这种成功也没什么规律可言。19 世纪末,爱迪生改进了试错法。他把一个技术问题分为几项具体课题,即子课题,爱迪生的试验工厂近千人,工人也分组对各项具体课题同时进行尝试各种解决方案的选择,这就大大地缩减了尝试的时间,增加了尝试的有效性与成功的可能性。

固特异是另一个利用试错法的典型实例,查尔斯·固特异(Charles Goodyear)花了他一生的心血去研究制造橡胶的方法。有一天,他买了一个树胶救生圈,决定改进用来给救生圈打气的充气阀门。当他带着新的阀门来到生产救生圈的公司时,那里的人们告诉他,如果他想发财的话,就应该去寻找改善树胶性能的方法。当时树胶仅仅用做布料浸染剂,比如当时非常流行的查尔斯·马金托什发明的防水雨衣(1823 年的专利)。生树胶存在很多问题:它会从布料上成片剥落,完全用生橡胶制成的制品会在太阳下熔化,在寒冷的天气里会失去弹性。查尔斯·固特异对改善树胶的性能着了迷。他瞎碰运气地开始了自己的试验,身边所有的东西,例如盐、辣椒、糖、沙子、草麻油甚至菜汤,他都一一倒进树脂里去做试验,他认为如此下去,他早晚会把世界上的东西都尝试一遍,总能在这里面碰到成功的组合。查尔斯·固特异也因此负债累累,家里只能靠土豆和野菜根勉强度日。但是,他仍然奇迹般地成功开办了一家小店铺,货架上摆放着成百双光彩夺目的橡胶鞋套。但是在第一个炎热的天气里,它们就全部融化了,变成了难闻的半液体状混合物。据说,那时如果有人来打听如何才能找到查尔斯·固特异,小城的居民会这样回答:"如果你看见一个人,他穿着树胶大衣、树胶皮鞋,戴着树胶圆筒礼帽,口袋里装着一个没有一分钱的树胶钱包,那么毫无疑问,这个人就是查尔斯·固特异。"人们都认为他是疯子。但是他顽强地继续着自己的探索,直到有一天,当他不小心把一块橡胶掉进硫酸里,捡起来后发现树胶的性能得到了很大的改善,他第一次获得了成功。此后他又做了许多次"无谓"的尝试,最后终于发现了使树胶完全硬化的第二个条件:加热。当时是 1839 年,橡胶就是在这一年被发明出来的。但是直到 1841 年,查尔斯·固特异才选配出获取橡胶的最佳方案。于是人们争先恐后地来购买他的专利,他同意了,但是却毫无经验,以惊人的低价把专利卖给了企业。他逝世于 1860 年,身后留下了 20 万美元的债务。与此同时,世界上已经有 6 万名工人在各个大工厂里制造 500 多种橡胶制品,而每年生产的橡胶产品价值达 800 万美元之多。

查尔斯·固特异的一生只解决了一个难题,对于他而言,要获得"发明的技巧",一次生命的时间远远不够。实际上,甚至在解决这一个问题的时候他也是非常幸运的,大多数发明家在解决类似的难题时,往往搭上一生的时间也没有任何结果,他们也就不为世人所知晓。

关于发明创造活动,过去有一些传统的说法。有人说:"一切出于偶然";有人认为:"一切归功于天赋";也有人断言:"一切取决于勤奋,应该坚定不移地尝试各种解决方案";还有人……这些说法不无一定的道理,但实际上,试错法本身并非是一种行之有效的方法,很多发明创造的成功主要取决于发明家的机遇与个性品质,并非所有的人都敢于做出奇异的尝试,并非所有的人都勇于承担重任并锲而不舍。当然,一千个挖土工人挖土的数量与质量绝对优于一个挖土工人。但是,无论怎样,掘土方法本身并未改变……

回想一下电影和小说里描述的主人公们在解决疑难问题时是如何表现的:"如果这样做呢?……不对,这样行不通,试试另一种方法……也许,可以从另一方面切入问题?……这样也不行,再试一试……"❶ 就像走迷宫(图3-4)一样,必须一遍又一遍查找可行路径。一个人在黑暗的迷宫中摸索,或许,会找到一些有用的东西;或许,会撞得头破血流。这样的探寻和摸索会一直继续下去,直到灵感之灯乍现,照亮了未知的答案。可是,灯在哪里?这种灵感可能在经过 20 次、100 次、10000 次尝试之后才会出现,有时甚至根本不会出现——因为生命毕竟有限。

图 3-4 迷宫图

---

❶ 里·萨拉马托夫. 怎样成为发明家 [M]. 北京:北京理工大学出版社,2006.

试错法主要是在设计问题的约束范围内，依赖于设计师的知识和经验，从问题出发，寻找解的过程。此过程需经过不断的尝试、修改、再尝试、再修改直到找到问题的解决方案。过程中不断反复，有时甚至要返回起始点，重新进行搜索。限于设计师或设计团队的知识约束，试错法往往很难得到问题的最优解。

试错法适用于比较简单、经过良好定义且搜索方向比较明确的开放式设计问题，对于没有经过良好分析和定义，需要发挥创造性的复杂设计问题，试错法往往无能为力，且暴露出很多缺陷。主要有：解决问题周期比较长；单位时间产生有效方案的效率太低；没有保证得到所有可行方案的内在机理；超出设计师工程或科学知识以外的方案可能被淘汰。

人们曾经认为，提高创新有效性的方法是增加尝试次数，那么就需要加快方案筛选速度。很快人们就发现，即使在非常快速的情况下，对方法进行穷举筛选，对于解决创造性问题来说仍然无济于事。试错法是一条漫长的路，需要大量的牺牲和浪费许多不成功的样品。错误尝试不能保证在短期内解决问题，画家知道要用多长时间画完一幅画，作家知道要用多长时间写一本小说，而用"错误尝试"法的发明家说不准要用多长时间他才能解决一个问题。答案可能会在今天找到，也许一生都不能找到。你能想象一个发明部门里的雇员都在用"错误尝试"法解决不同的发明性问题吗？人们坐在那里思考，随机地选出一个或另一个变化。

心理学家试图通过研究从熟睡状态到清醒状态的转换，来找出顿悟和直觉的源泉，类似的研究已经进行了几十年，但还没有结果，顿悟和灵感可遇不可求；"错误尝试"法要考虑事情的所有可能性，我们没有太多的资源支撑试错。完全依赖顿悟和灵感的偶然发明的时代业已过去，依赖少慢差费的试错法寻求解决问题方法的时代也已经结束了，现在是该采用新的创新方法的时候了。

3.2 "技法时代"对创造方法的认识

3.2.1 技法时代的诞生

进入20世纪后，随着对创造过程和创造方法的不断研究，一个紧迫的现实问题逐渐引起了人们的关注：通过何种方法可以开发大众的创造力，推动各行各业创新发展？能否把那些创造过程中令人感到神秘、原为个人所特有的想法，变成对每人都适用的东西？美国斯坦福大学教学教授亚当斯在《A Guide To Better Ideas》中指出了创造性解决问题的方向：产生尽可能多的观念和想法，从中挑选出最有魅力的解决方案。对于初学创造的人而言，如何才能产生大量的观念和设想？——这就是创造技法所要解决的问题。

随着人们对这些实践性问题的探索，创造技法的时代也就应运而生。美国《科学与人》杂志曾指出："代表本世纪人类进步的两个主要标志是电子计算机和创造技法。"

从20世纪30年代、40年代起，人们开始热衷于对科学发现和技术发明的过程的探索，并从经验出发，以案例研究为主，总结提炼出了许多创造方法。1938年，创造工程之父奥斯本提出了激发集体创造力的著名的"头脑风暴法"（Brain Storm），也称智力激励法，成为创造技法发展史上的首例技法。此外，他还制定了简便实用的"奥斯本检核表法"。后来，他相继撰写了《思考的方法》《所谓创造能力》《实用想象》等专著，丰富了创造力开发理论基础。奥斯本还将创造力理论与技法"深入到学院、社会团体和工厂车间，组织大家运用这些方法，在美国形成了一个开发创造力的热潮。1942年，F.兹维基制定了"形态分析法"；1944年，美国哈佛大学水下声学实验家、科学家W.J.戈登制定了以隐喻类比为核心的"综摄法"，综摄法的诞生在创造技法发展史上也具有相当重要的意义。[1] 1954年，美国内布拉斯加大学教授R.克劳福德制定了"特性列举法"，并首次在大学开始讲授他的方法。这些

---

[1] 简红江. 国内外创造学发展比较研究 [D]. 合肥：中国科学技术大学，2012.

创造技法广泛应用到美国生产与生活之中,有力地促进了美国社会创造技法的普及与创造力开发。

在日本,创造技法也得到了广泛的发展和应用,日本人的思维方式为日本创造技法发展与应用奠定了必要的创新机能。至20世纪60年代、70年代,日本创造技法得到较快发展与应用。1965年,日本建筑大学川喜田二郎制定"KJ法",是组合与归纳的全新应用。1969年,片山善治提出"ZK法"。1989年,创造学家高桥浩提出"中山-高桥法"(NM-T法),此法主要是抓住关键词引发一系列类比联想,通过分析达到创造设想的目的。1977年,市川龟久弥出版了《创造工学》,该书以等价变换理念为核心,从概念、理论基础、科学、技法、等价变换流程活动技巧实例等五大部分,系统地阐述了创造工程理论体系的特色。同时,在头脑风暴法的基础上,日本广播公司开发了NBS法、三菱公司开发了MBS法等。日本创造技法的发展与应用,使日本成为具有较强创造力国家。[1]

自美国创造技法引入德国以后,为适应德国人的思维方式,对所引进的创造技法进行了改造。如:鲁尔巴赫将"头脑风暴法"改造成为"默写式头脑风暴法(635法)";"综摄法"改造成为"视觉综摄法"(并与图像一起使用,产生隐喻类比。在亚琛工业大学,柯勒以物理算法为核心创制了变换合成方法。J. H. 舒尔茨制定"自律训练法",F. 汉泽制定"概念组织法"等。这些创造技法的出现有力地促进了德国创造力研究的热情。霍斯特·格什卡在巴特尔研究所创办了创造力研究室,与同事们一起研究多种技法及其应用。

创造技法就是利用这些研究成果进一步总结出来的用以提高创造能力的各种规则、技巧和方法的总称。它是根据创造活动的客观规律总结而成的,有利于导致创造性成果的途径、手段和方式的总和,属于方法论范畴,解决"如何做"的问题。

到20世纪末,已被创造学家们总结出来并在创造工程实践中付诸应用的创造技法已达300余种。好的方法可以使知识升华,调动知识为人所用。这些行之有效的方法在经济、技术、生产领域产生的影响远远大于学术领域,

---

[1] 简红江. 国内外创造学发展比较研究[D]. 合肥:中国科学技术大学,2012.

人们学会了用创造方法来促进发明。至 20 世纪末，短短的 60 年，人类所获得的发明创造成果超过了过去 5000 年的总和。这表明"创造技法"对人类自觉进行发明创造活动产生巨大的促进作用。

技法时代，一些发明技巧的掌握和传授，可以直观地指导人们的创造实践，并往往可以收到茅塞顿开、立竿见影的显著效果，为打破创造的神秘论起到了不可估量的重要作用。人们也逐步认识到发明是一种从偶然发现到对新技术问题有计划地精心研究的过程，因而越来越强调有关发明创造的方法。他们利用创造学技法，不断创造出了技术奇迹，也创造出了经济奇迹。

技法时代关于创造过程的研究成果，大都是基于创造工程学的层面，是以西方心理学理论研究为基础而不断发展起来的。心理学家的注意力主要集中在心理因素方面，如头脑风暴法，更多的是依赖心理因素，创新结果往往依赖于参与者的知识和经验以及其想象力。创造技法的实质是激发创造性思维的方法，而不是必然导致创造性成果的固定程式。于是，现代西方创造工程学又从技术创新过程入手，分析和研究了创造技法和思维在技术创新中的应用，探讨了把创造性思维的综合性研究成果嫁接或移入到技术创新的过程。

3.2.2 创造技法的分类

现在世界各国提出的创造技法或理论已有 300 多种，其中常用的有 100 多种，最常用的约 300 种。这些方法对于从事创造创新活动的人来说具有一定的指导意义。但各种方法都有各自的特点、局限性和适应范围。为了便于学习使用，人们对其进行了分类，面对几百种创造发明技法，如何形成系统化、条理化的技法分类系统，这是一个难题，原因是多方面的：第一，多数技法都是研究者根据自己的实践经验和研究方式总结出来的，缺乏统一的理论指导；第二，各种技法之间并不存在线性递进的逻辑关系，形成统一的体系较难；第三，创意思维是一种高度复杂的心理活动，其规律还未得到充分深刻的揭示，难免出现各执一端的状况。这样，各种技法在内容上彼此交叉重叠，既相互依赖，又自成一统，这给全面条理化带来较大的难度。尽管如此，许多研究者还是作出不少努力，提出一些分类方法。

◆六分法：例如，日本电气通信协会在其编写的《实用创造性开发性技法》一书中，曾将常用的 29 种技法分成 6 类。自由联想法：包括头脑风暴法、KJ 法等；强调联系法：包括检核表法、焦点法等；设问法：包括戈登法、特尔菲法等；分析法：包括列举法、形态分析法等；类比法：包括提喻法、等价变换法等；其他法：包括网络法、反馈法等。

◆三分法：日本创造学会会长高桥诚先生依据美国心理学家吉尔福特的智力结构模式中的分类方法，按照思维的方向，把创造技法分成三类。

扩散发现技法：能使创造者充分展开想象，进行思维扩散，在产生大量设想的基础上诱发创造性设想的一类创造技法。主要是寻求问题所在，再提出设想。包括自由联想技法；强制联想技法；类比发想技法；特殊发想技法；问题发现技法；面洽技法；收集情报工具技法等。

综合集中技法：在搜集情报信息的基础上整理、筛选，或在大量创造性设想的前提下分析比较，从中作出有效选择的一类创造技法。主要是收集情报，或者用于依照顺序来解决问题。包括一般综合技法；卡片式综合技法；技术开发技法；销售技法；预测技法；计划技法等。

创造意识培养技法：为解决各种问题而培养创造意识的方法。包括集中精神技法；协商技法；心理剧技法；思维变革技法等。

◆二分法：按参与人数将创造技法分两类。

个人技法：是指单独的创造者即可实施的创造技法。如缺点列举法、自由联想法、卡片法等。

集体技法：是指通常由若干创造者共同实施的创造技法。如头脑风暴法、综摄法等。

国内有学者把思维过程分为逻辑思维和非逻辑思维，并进而以次为依据对创造技法进行了分类，如图 3-5 所示。

第3章 创造过程方法论的嬗变与反思

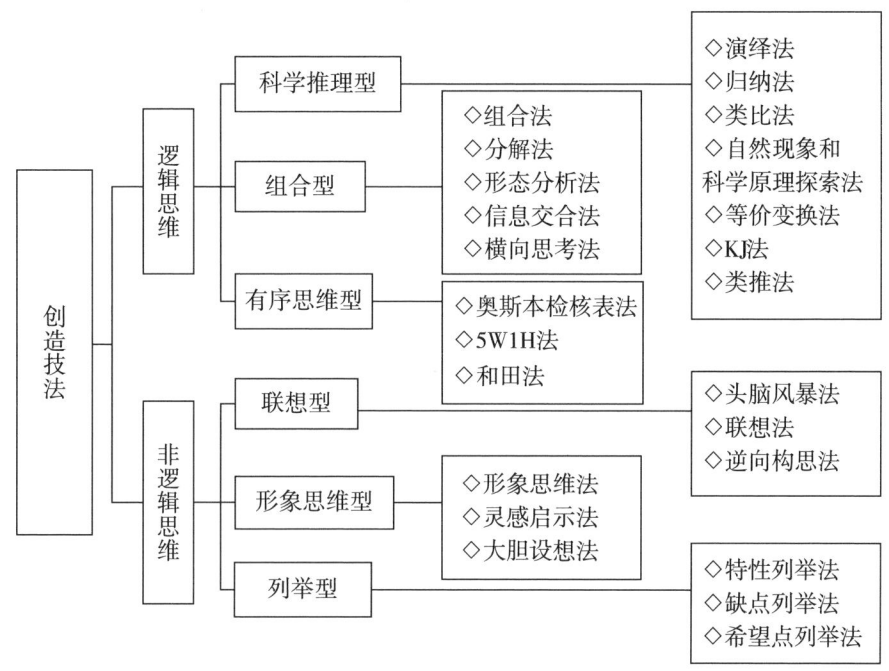

图 3-5 创造技法分类

上述分类的方法各有特色，但由于各创造技法并非彼此完全独立，而是相互联系的，不少技法之间出现你中有我、我中有你的复杂情况；另外有的技法内容丰富，从不同的角度出发可归入不同的类型，因此将技法进行硬性分类，必然会遇到遇到很多困难。

在众多创造技法的分类中比较有代表性的是刘仲林教授对创造技法的分类方法，他在《中国创造学概论》一书中提出 LZ 分类法，如图 3-6 所示。即将创造技法分为四大家族：联想系列技法、类比系列技法、组合系列技法、臻美系列技法。从汉语拼音的角度来说，联想、类比第一字母均为 L 组合、臻美的第一个字母为 Z，故可将上述技法分类称为 LZ 分类法。❶

在四大创意技法系列（族）中，联想是基础，类比、组合是进一步发展，属于中间层次，而臻美是最高境界、最高层次。其间的关系见图 3-6。本书以 LZ 分类法对创造技法逐一进行介绍。

---

❶ 刘仲林. 中国创造学概论 [M]. 天津：天津人民出版社，2001.

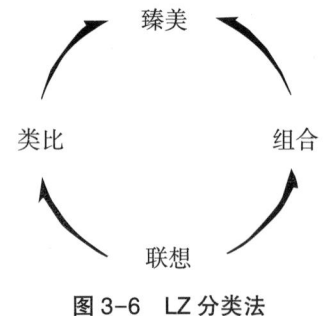

图 3-6　LZ 分类法

3.2.3　传统创造技法内在矛盾与局限性

以奥斯本智力激励法为代表的一系列创造技法的确能起到激励思维，启发人们富于创造性的灵活思路，使人们冲破心理定势效应的消极影响，这是发挥创造力的重要步骤，其直接的结果是提高独创性设想的数量，各种设想的提出，从而提高问题解决方式的可能性。然而，另一个的困惑也随之出现，那就是创造方法论怎样有效地确定问题得以解决的具体的可能性范围和空间？李铁强在《试论创造的本质》一文中对这个问题作了精彩的描述。他指出，假如人们的心理定势效应失去作用，那么人们为解决某一问题所能提出的设想数量即使不是无限的，也会庞大到足以令任何人都要望而行止的程度。这就好比下国际象棋，下棋时的套路变化非常多，要找到一种最好、最优化的走法就必须从 10^{120} 种可能性中进行选择，如果每毫秒可以考虑三种可能的走法，一个人还是需要尝试几个世纪才能完成。当然没有人会这样下棋，棋感好的人会很快找到好的走法，人们下棋不会考虑没用的棋。优秀的棋手与拙劣的棋手之间的差别不在于方法的数量，而在于能否发现对局中自己所面对的真正问题是什么以及为解决这一问题提供的可能行棋方法的质量。因此，如果创造学方法论不对发散型思维方法作任何限制，或者更准确地说不研究怎样确定解决问题具体空间，那么人的创造力很可能成为盲目的，不结果实的花朵，而且也无法说明各种创造技法的性质、特点和适用范围。❶ 正如苏联著名发明家、创造学家 Г.С.阿利赫舒尔认为："奥斯本为了减少思维的有序性不得不增加思维程度本身的有序性，引进一定的规划。不知奥斯本是否看

---

❶ 李铁强. 试论创造的本质 [J]. 科学技术与辩证法，1997 (5).

到了这种矛盾？……"❶

西方各种各样创造技法的问世并得到广泛的传播，是市场经济竞争背景下产生的，符合市场经济的需要。但由于受经济实用主义思潮的影响，有关创造过程的系统理论却没有获得突破性的进展，这反过来限制了各种创造技法的有效应用。因为，当人们还不明晰创造过程的本质以及各种创造技法的性质、适用范围的时候，那些寄希望于从创造技法中获得创造灵感的人，首先遇到的还不是用哪一种具体的方法着手解决自己所面临的问题，而是被迫首先在各种创造技法中进行选择，这样一来，创造技法越丰富，人们越是觉得无所适从。

摆脱这种困境的关键是，以各种研究人的创造性所取得的成果为基础，有赖于从哲学的高度反思创造过程的本质，构建创造过程系统理论，克服具体科学在考察创造过程本质时所表现出来的局限性。因为人的创造性不是人的偶然特征，而是人的本质力量的真正体现。人类社会的每一重大进展都是在人的创造活动及其成果得到广泛应用的推动下完成的，人的创造性在人类社会的每一个层面上都有其充分的表现。❷

3.3 "后技法时代"的创造方法理论

3.3.1 "后技法时代"的时代背景与特征

关于发明创造过程本身的理论和方法的研究成果在20世纪下半叶得到了蓬勃发展，随着TRIZ理论（创造性解决问题的理论）在世界范围内广泛传播，人类开始步入了后技法时代，这里的"后"既有时间上在传统技法时代之后的含义，又有在思想上对之超越、对之否定的含义。

TRIZ理论可算作是20世纪最为伟大的发明之一。前苏联发明家、创造学家Genrich S. Altshuller于1946年开始了工程域内的发明问题解决理论的研究工作，建立起了由解决技术问题和实现技术创新综合的体系——TRIZ理论。该理论是在分析了2500000份高水平专利后，提炼出40个基本原理，进而提出了发明解题大

---

❶ Г. С. 阿利赫舒尔. 创造是一门精密的科学 [M]. 北京：北京航空航天大学出版社，1990：9.
❷ 李铁强. 试论创造的本质 [J]. 科学技术与辩证法，1997 (5).

纲，TRIZ 理论的提出成为发明方法由技巧转变为精确科学理论的标志。

TRIZ 理论是由解决技术问题和实现技术创新的各种方法、规律、工具组成的系统理论体系，它起源于苏联，流行并发展于欧美，被西方国家誉为"神奇的点金术"。TRIZ 理论在西方国家的传播过程中得以发展并形成了自己的流派。20 世纪 90 年代起，中国大陆就有少数科研人员和学者逐步了解和接触到 TRIZ，并开始了自发的研究。自 2001 年 TRIZ 理论培训被正式引入了中国后，TRIZ 理论也得到我国各界的高度重视，并在中国得到快速普及和发展。经过 10 年的引入、普及与实践，TRIZ 在中国的传播工作进入了繁荣时期，现已形成政府、企业、科研机构、教育系统、科技中介机构等紧密协作的 TRIZ 推广模式和直接应用研究。

与传统创造技法相比而言，TRIZ 理论是建立在工程领域而不是心理学基础之上的，它以技术系统为核心，以技术系统的进化规律为指导，探索了一系列解决创新问题的原理和方法。TRIZ 理论把创造技法发挥到了极致，可以算是创造技法的集大成者。该理论着重于逻辑思维，采用系统化的方法，从特定的角度思维，给定问题解的约束边界，定向搜索，不断缩小搜索空间，直到寻找到创新问题的最优解，甚至是问题的理想解，❶ 如图 3-7 所示。

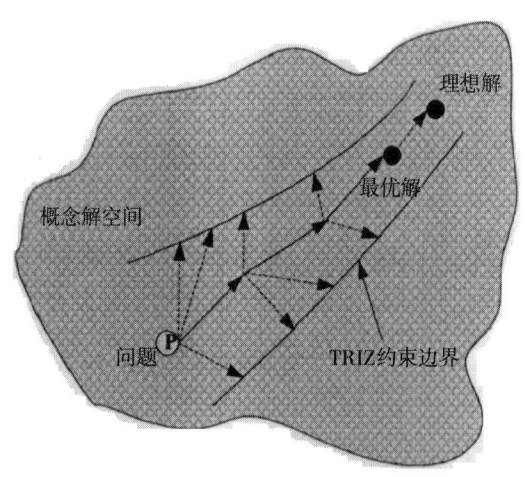

图 3-7　TRIZ 问题搜索示意图

---

❶ 仇成. 创新问题解决理论（TRIZ）在产品设计领域的应用研究 [D]. 南京：南京理工大学，2008.

3.3.2 "后技法时代"对创造方法的诠释

TRIZ 理论是以自然科学为基础,以系统科学和思维科学为两大支柱,以辩证法、系统论、认识论为哲学指导的,包含着许多系统、科学的创造性思维方法和解决发明问题的富有操作性工具。图 3-8 为 TRIZ 理论的体系结构。

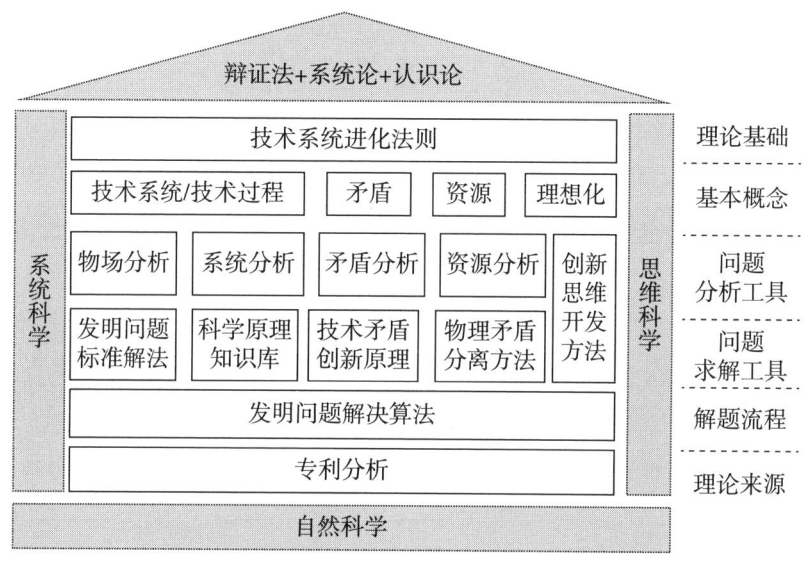

图 3-8 TRIZ 理论体系

TRIZ 理论与传统的创造技法相比而言,其特色鲜明和具有较强的优势。它最大的成功在于揭示了技术系统进化的内在规律性,通过确认技术系统中存在的矛盾,可快速查阅矛盾矩阵表,得到解决问题的创新原理。因此,运用 TRIZ 创新理论可极大加快发明创造的速度,提高产品创新效率。其核心思想如下:①产品和生物系统一样,产品及其技术的发展是按照一定的规律的。②同一条进化规律在不同产品或技术领域中已经被反复应用,利用进化规律能够预测产品的未来发展趋势,有预见性地进行产品创新设计。③创新的过程就是克服矛盾的过程,创新中不断的发现并解决矛盾是推动产品向理想化方向前进的动力。④在以往不同领域的发明和创新中所用到的原理和方法并不多;不同行业中的问题,采用了相同的解决方法,有限的原理可以解决无限的问题。

3.3.3 TRIZ 创新方法的程序与流程

TRIZ 理论认为，创造性解决问题的流程就像数学题中求解一元二次方程的根一样，我们可以重复使用相同的方法解决不同的问题，也可以采用套公式的方式来解决所有类似的问题，如图 3-9、图 3-10 所示。

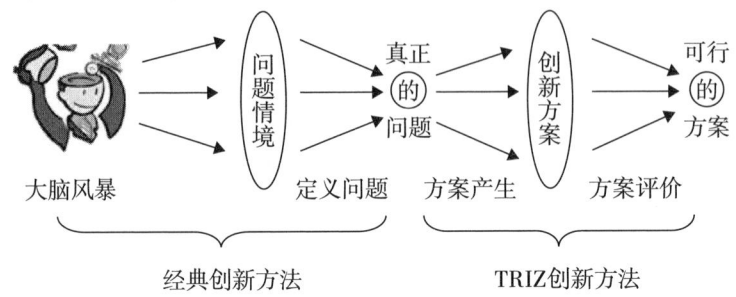

图 3-9 TRIZ 方法与经典创新方法

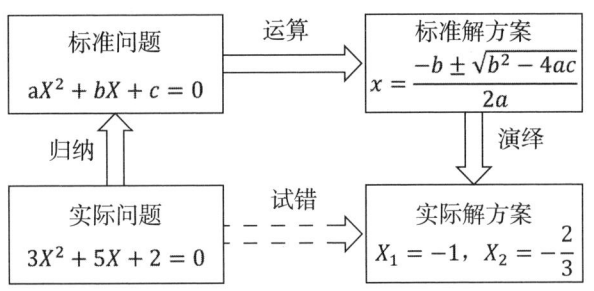

图 3-10 一元二次方程的解题流程

TRIZ 把创造性问题分为：技术矛盾类问题、物理矛盾类问题、功能性问题、物场模型类问题等，并给出每一种类型问题的具体解决方案，如表 3-1 所示。

表 3-1 TRIZ 解题方案模型

问题模型	基本工具	解决方案模型
技术矛盾	查询矛盾矩阵表	40 个创新原理
物理矛盾	分离原理 查询知识库	51 个创新原理 知识库中的方案

续表

问题模型	基本工具	解决方案模型
How to 模型	查询知识库	知识库中的方案
物场模型	76 个标准解法系统	标准解法

TRIZ 解题流程如图 3-11 所示。

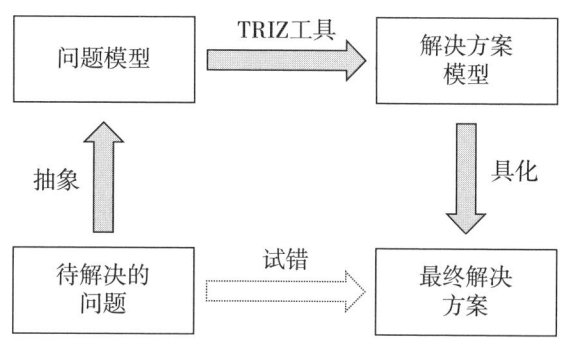

图 3-11　TRIZ 解题流程

创造过程中，我们通常遇到的问题都是某一行业或领域里的具体问题，我们所要寻找的解决问题方案也是具体解决措施和方案。而在传统上所采用的做法往往是，直接利用自己以往的积累经验去作一系列的尝试性试验，以企图快速找到解决问题的方案。但事与愿违的是，这种试错的方法或发散思维虽然在一些简单的问题上效果比较明显，在一些比较难一些的问题或存在矛盾性的问题上却往往要花很长的开发时间，需要消耗较多的人力和物力资源。TRIZ 理论先将遇到的具体问题进行分析，利用三轴分析和系统模拟找到问题出现的根源，并对这个问题作出明确的定义；然后将这个具体问题抽象化，使之成为一个通用的问题；根据 TRIZ 理论所提出的解决问题的工具，如 76 个标准解系统，科学效应和知识库等找到解决问题的通用方案；将这些通用的解决方案和我们的具体问题进行联系，通过类比分析并转化成我们解决问题最终方案。

TRIZ 注重从前人的解决方案中，从其他领域类似的问题中去寻找答案，更强调问题的分析以及标准程序的套用。其最大的优越性在于它提供了一种系统的、流程化的创造设计思考模式，建构了创造过程的程序性、连续性和必然性，使创造过程展现为一个几乎完全形式化的逻辑过程，但这种以逻各斯为本原的形式逻辑的方法本身就蕴含着它的局限性和不足。

3.3.4 算法与启发：TRIZ 创造过程的程序化

TRIZ 理论一方面提供了基于知识的智能化的创造系统，通过一种隐喻式的启发，帮助我们创造性地解决问题。另一方面，还提供一种程序化创造过程算法。

TRIZ 创造过程的算法流程，如图 3-12 所示，起步于一类初始问题，如有答案，则就能在有限步骤内得出，遵循一种形式逻辑的思维过程。整个解题过程好像一台机器，输入自己的问题和相应的资源等，就可以通过一系列的运算获得想要的创造性结果。

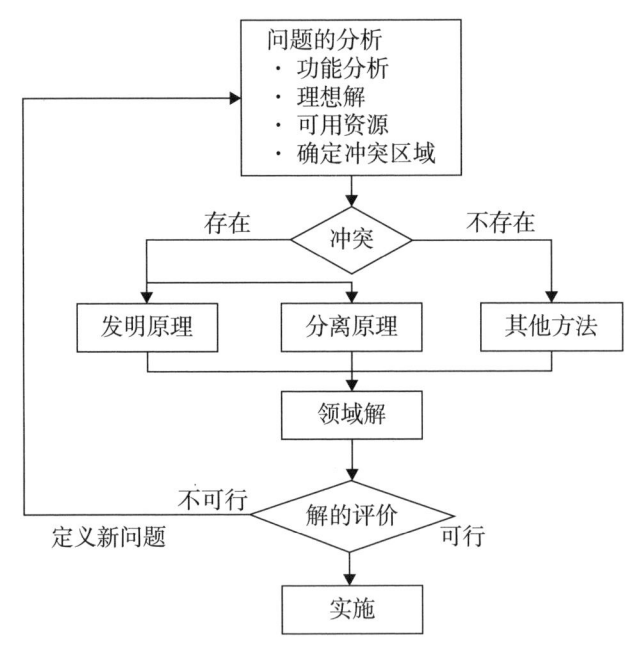

图 3-12　TRIZ 创造过程的算法流程

那么，作为创造主体的人，其价值又应该在哪里？

实际上，从现有技术问题分析以及创新方案的类比演绎等过程，都离不开人的主观思维的能动性发挥。TRIZ 的这种解题流程与算法却在无意识中淡化了"人的因素"，不可避免地忽视了创造主体的思维活动的跳跃性，尽管，阿奇舒勒一再强调：TRIZ 本身不能解决问题，只能帮助人们去思考，而不能代替人去思考，TRIZ 提供给的是解决特定问题的指导方针。

3.4 对创造方法理论的哲学反思

3.4.1 算法程序与创造思维：从"深蓝"谈起

1997 年 5 月 3~11 日，人和机器之间的一场世纪之战引起了世人的关注。苏联国际象棋特级大师、前国际象棋世界冠军卡斯帕罗夫与 IBM 公司的电脑"深蓝"的国际象棋六局对抗赛降下帷幕。卡斯帕罗夫在前五局以 2.5∶2.5 战平的情况下，在第六盘的决胜局当中仅走了 19 步便向"深蓝"拱手称臣，最终"深蓝"以 3.5∶2.5 获得胜利，整个比赛过程用时不到一小时。在这场具有特殊意义的对抗赛中，"深蓝"赢得了胜利，令世人震惊，也引起了人们对"深蓝"的浓厚兴趣。

（1）"深蓝"：基于知识系统的方法："深蓝"是一台装在两只黑铁柜中的超级国际象棋电脑，重 1.4 吨。其主要特点是：①每秒运算速度两亿步；②输入了近两百万局国际象棋程序，能参考数千场以往比赛的资料；③不会有忘记、分心、畏怯等情况出现；④不会产生直觉或感觉。这说明，它在数字分析、逻辑运算方面是特长，有超人的能力；而在直觉领悟、复杂情感方面是特短，无法和人相比。通过电脑和人脑的这一比较，人类最宝贵的"直觉领悟"能力赫然展现，这正是任何超级计算机不能模仿和达到的。对此，香港《亚洲周刊》有一段形象的评述："深蓝"是一个有庞大资源的长期研究计划的成果，它每秒可以比较两亿个棋面的优劣，熟读全世界所有棋谱，对棋王过去下过的每一局棋都了如指掌，而且心无旁骛，只有战胜棋王这一项任务。棋王对"深蓝"一无所知，每秒只能比较两三步棋，而且他与所有人相同，必须在每一个瞬间同时处理许多截然不同、跟下棋毫无关联的任务。棋王能与"深蓝"相抗衡，不仅证明人脑的奥妙无穷，也更激起人们继续研究的兴趣。

"深蓝"拥有庞大的棋库，内部输入了 200 万开局和终局的棋谱，基于国际象棋知识的系统,是各国象棋大师的智慧和知识的集成。这种基于知识工程的技术,可以使"深蓝"从知识库中找到对抗每一步棋的最有效的招式,从而最终取胜。

基于世界 250 万份专利成果而提验出的 TRIZ 理论和深蓝一样,TRIZ 创造方法是基于自然知识库的,其中也提出了创新的标准算法和采用形式逻辑过程将初始问题程式化,并给出解决问题应遵循的模型和步骤程序。

(2)"深蓝"有创造性吗?TRIZ 的这种"深蓝"式的创造过程在某些方面绝对可以超过一些依靠自己大脑智慧的创造专家,但这是不是就可以说创造专家和大师可以制造和培养啦?这是值得认真思考的。

由机器程序系统构成的"深蓝"有创造性吗?它能战胜人的智慧、代替人类的劳动吗?计算机采用的是和人完全不同的思维方法,它完全利用程序搜索,通过一步一步来尝试,看哪一种走法最好。它是机器,当然比人"试"得快。象棋大师是完全利用逻辑思维判断,是依赖于经验与创造。机器的运算速度(也就是"尝试"的速度)总是比人快的,而且随着计算机技术的发展还将会越来越快。由此看来,虽然"深蓝"赢了大师,但却永远无法和人的智慧相比。"人机大战"给我们一个极为重要的启示:以直觉领悟为代表的意会认识,是人类最基本的认识能力之一,是人脑与电脑的分水岭,没有意会认识,就没有创造性思维。一般来说,人类认识大致可以分为两种:一种是以逻辑与分析为核心的言传认识,另一种是以直觉和领悟为核心的意会认识。电子计算机的发展表明,科学家可以赋予计算机惊人的逻辑运算能力,但却难以赋予其"直觉领悟"能力。

思维是社会实践活动的产物,人的思维具有社会性和主观能动性,只有实践着的人才能有思维。美国的塞缪尔虽然也曾输给了自己设计的下棋机,但他说机器没有自己的思想,他还说"只是因为机器可以模拟人类行为的某些属性,所以机器具有人的属性,这种推理显然是谬误。"爱因斯坦说,机器无论做什么,它能够解决任何问题,但是它永远也不能提出哪怕是一个问题,他否定机器能和人一样具有创造性。苏联的别尔格讲,"机器是不能思维的,而且永远也不会思维。"❶ 思维对客观存在的反映具有能动性,而加载科技程

---

❶ 张云台. 人工智能及其前景的哲学思考 [J]. 科学技术与辩证法,1995 (6).

序的机器只能按照人输入的程序刻板地工作。

3.4.2 逻辑规则：TRIZ 创造过程的形势走向

TRIZ 是一种基于知识库的方法。TRIZ 的创立者 Altshuller 从开始就坚信，发明问题的基本原理是客观存在的，认为设计者运用 TRIZ 理论及其大量的信息知识库，只要将具体的问题抽象为 TRIZ 的一般问题，再运用 TRIZ 工具寻求标准解法，最后演绎成初始问题的具体解决方案，按照这种程序化的操作和严密的逻辑分析，就能很快找到具有创新性的解决方案。其"发明程序大纲"是采用"可控制的、正确组织的、有效的过程"来得到发明产物的方法。认为创造过程的基础是分析、综合和归纳、演绎等逻辑学的方法，逻辑程序十分清楚。[1] 尽管 TRIZ 在应用的前一阶段也需要探索性的类比，但不构成其核心；而其演绎阶段严密的逻辑程序却给人以深刻印象，也是其最具特色的部分。

TRIZ 理论传授人们"按公式"和"按规则"解决各种发明创造类课题的思路在数学中是很熟悉的。将 TRIZ 创造性解决发明问题的基本思路总结成一句话：利用相应的工具，先把特定的或具体的问题抽象成为一般性或标准化的问题，然后采用标准方案解决问题，最后得到抽象化的解，就像利用求根公式求解任何一个一元二次方程的根一样。从上述基本思路可以看出，对具体问题的描述和转化的标准化程度将会决定 TRIZ 解决发明问题的困难程度，问题被描述得越明确，转化后的标准化程度就会越高，相应地也就更加容易解决。这种把数学的精确性、客观性、明晰性、同一性和标准化的特征渗透到创新活动中，以这种思想方法为指导，用数学标准化的要求来驾驭和控制创新活动，这是西方的思维特长，即形式逻辑思维，就是要把过程说清楚，并把它公式化。

Altshuller 曾在《创造是一门精密的科学》中讲到：所有发明都按"公式"搞，那么作为创造性活动的发明也就不用再存在了。发现创造，全部这些试误方法，"突然的灵感""幸运的机遇"都不是最终目的，而是技术系统

---

[1] Г. С. 阿里特舒列尔. 创造是精确的科学 [M]. 魏相，徐明泽，译. 广州：广东人民出版社，1988：3，183.

开发的工具，由于工具不完善，必须以更有效的方法——"科学"——取代"创造"……。❶ 国内有学者对此提出质疑，"从某种意义上说，它的最终目标就是用 TRIZ 方法来代替和取消发明创造活动，人不必发挥创造力，不必进行创造性思维活动，不必独立思考，一切都可以按照 TRIZ 的公式和规则进行常规型的工程技术活动……这个目标具有空想性……还具有有害性……"❷

TRIZ 思维方式把人类对创造过程的认识从"朦胧"转向了"精密"，并达到了空前的广度和深度，这是一大进步。然而侧重依据形式逻辑规则和发明程序，按照刻板模式去解决创造问题，显得严格、精确，机械有余，而灵活不足。"TRIZ 是一种相对精密的科学的创造方法理论"，这种众多 TRIZ 书籍中对它的评价，其中弥漫着科学主义的味道。"精密科学"对发明过程本身反而产生束缚。这种"科学分析"式的创造，虽然具有严谨性，但对于创造而言，如果我们把创造方法完全科学化、具体化，也就很难达到创造的高峰，那就像钱学森所说："这方面的学问还没有形成一门科学，只能意会，不能言传啊！……创造方法要是真成了一门死学问，一门严格的科学，一门先生讲学生听的学问，那大科学家也就可以成批培养，诺贝尔奖金也就不稀罕了。"创造也不可能形成一门精确的科学，因为它本质上还存在一些只可意会而不能言传的东西。

创造过程所研究的原则、规律和方法并不是严格的、精确的形式和规则，大部分是一种启发性的指导原则。因为，严格精确的指导模式不仅不能对绝大部分思维创造的产生做出解释，同时也表明这样的思维活动已经不是创造活动、这种"创造"只是一种千篇一律的固定模式。试想，如果人类的思维按照机器的逻辑程序一样刻板地去进行必然的创造性的活动，那这种活动又如何能具有"创造性"？按照有限的"规则、公式"去创造无限变化发展的客观事物，也是不可能的。

在创造方法理论趋向于形式逻辑化的同时，一些西方科学家和方法论学家对逻辑的态度却经历了由肯定到否定的过程。席勒指出："科学家越推崇逻

---

❶ Γ. С. 阿里特舒列尔. 创造是精确的科学 [M]. 魏相, 徐明泽, 译. 广州：广东人民出版社, 1988：3, 183.
❷ 甘自恒. 应该辩证地评价 TRIZ 方法 [DB/OL]. http：//www.360doc.com/content/12/0514/23/9140939_ 211076368.shtml.

辑，他们推理的科学价值就越低。这样说是绝对不过分的……然而，使社会感到幸运的是，绝大多数科学伟人幸而对逻辑传统概念一无所知。"❶

创造过程是逻辑规则与自由创造融合统一的过程，严格的逻辑规则是创造过程的必然性推理，而自由创造，体现了主体创造的最大偶然性。必然性与偶然性之间是对立统一的关系。客观事物的变化发展总是遵循客观规律的，具有内在的、本质的、必然的联系，任何偶然现象的背后都隐藏着必然性；反过来说，必然性也要以偶然性为补充，以偶然性的形式表现出来。正如恩格斯所指出："在所有这样的社会里，都是那种以偶然性为其补充和表现形式的必然性占统治地位。国内有创造学者指出，TRIZ 理论强调技术发明过程具有必然性，具有客观规律性，却忽略了、否定了技术发明过程中也有偶然性，否定了具有突发性、偶然性的直觉、灵感、顿悟等创造性思维形式也会发生作用。他这种看法，从哲学上看是片面的；从科学上看，是通过偶然性的直觉、灵感、顿悟产生重大创造成果的大量事实的；从实践上看，它将会导致许多因偶然机遇和突发性思维而孕育产生的原创性成果胎死腹中。因此，TRIZ 只是个结构化的工具，最终原创的想象力还是很重要，尽管 TRIZ 方法在创造过程中，可以起到催化剂的作用，但催化剂本身是代替不了反应物的。

3.4.3 人文缺失：TRIZ 方法的潜在弊端

TRIZ 创造理论被誉为一种科学的创造方法，其内在极力主张创造流程的形式逻辑化。同时，TRIZ 传播过程中，又有很多人有意地夸大了它的作用，导致 TRIZ 万能化和科学化的认识，以为所谓的科学工具能解决创造过程中一切问题。这种科学主义倾向，将使得人们失去了对创造过程的全局的了解，离精神境界的修养也越来越远，不可避免地导致了人文主义精神的缺失。过分强调科学性与可操作性，将会导致以机械论观点来看待人的创造过程的偏颇❷，可以说，这种学科性的科学主义倾向是造成其理论困境的重要因素之一。因此，重新而全面、综合、系统地认识创造过程，重构"整体式的研究方式"，建立科技与人文融合的创造观，对于创造过程研究的进一步发展具有

---

❶ 成中英. 创造和谐 [M]. 北京：东方出版社，2011：292-293.
❷ W. I. B 贝弗里奇. 科学研究的艺术 [M]. 陈捷，译. 北京：北京科学出版社，1979：60，90，88，153，90，88.

启示性意义。

　　TRIZ理论给我们提供了创新的规律、方法和算法等知识。创新的发展的确有其客观规律性的知识，但是在创造过程中如何摆脱知识的控制，通过对知识的超越，走向智慧的自由自觉，才是创造过程方法研究中的一个迫切的问题。

　　我们也应该看到，创造学不同于纯粹的自然科学，它本身有着很浓厚的人文色彩，人在创造过程中所需要的是利用工具和知识以转成人类的理性的智慧、价值智慧和实践智慧，形成自由创造人格的过程。

　　"转识成智"，实现知识到智慧的飞跃，是冯契"智慧说"思想的核心，是中华文化的精髓所在，也是现代科技与人文联系的纽带，传统文化与科学精神的合解之道。中华传统文化蕴含有无比丰富的宝贵资源，对于消解现代科技发展所带来的科学与人文的紧张关系，具有一定的启发意义。但是，中国传统文化资源还是一种朴素的形态，其中逻辑分析和知识论表达方面存在着严重的不足。这就决定了，仅仅从中国传统哲学出发，也是难以真正解决知识与智慧关系问题的。唯一可行的办法，也许只有会通中西并进行一种创造性的综合，才可能有希望达到一种新的哲理的境界。❶

　　因此，可以说科学文化与人文文化是应当交融在一起的，只有科学文化与人文文化交融在一起，才能转识成智，达到真正意义上的创造。在《科学文化随笔丛书》❷的总序中，李醒民谈到：没有人文情怀关照的科学文化是盲目的和莽撞的，没有科学精神融入的人文文化是蹩足和虚浮的。必须使科学文化和人文文化比翼齐飞，并驾齐驱。解决的办法既不是削高就低，也不是也拔苗助长，而是二者珠联璧合、相得益彰。

　　虽然科学与创造的结合、科学对创造的介入促进了创造的发展，但创造不是纯粹的属于科学的，它贯穿了"哲学、科学"等领域，它所独特的东西仍处于一个混沌状态，也是纯科学方法所不能解释的。因而，也不可能把创造方法完全精确化。

---

❶ 田友谊. 西方创造力研究20年：回顾与展望[J]. 国外社会科学, 2009 (2).
❷ 陈晓龙. 转识成智——冯契对时代问题的哲学沉思[J]. 哲学动态, 1999 (2).

3.5 无法而法：中国文化背景下的创造方法学

我们回到历史现实中来问，中国文化背景下的创造方法学又是如何？在讨论中国文化背景下的创造方法问题之前，必须认清中国哲学方法的现实。

3.5.1 中国哲学方法：即方法非方法

参考西方哲学中的方法来分析中国哲学中的方法，可以了解中国哲学方法的特性。成中英在《创造和谐》一书中所提出的："方法"这一概念在中国哲学中是隐然的存在，并未突显为方法论的研讨。这是由于中国哲学自创始即紧密结合本体经验发言，故方法只是追求就"已知"对象提供的功夫而已，"方法"都未有成为中国哲学中明显而突出被讨论的问题。若一定要说中国哲学也有方法理论，则必然就中国哲学中的突然内容立言，中国哲学的方法问题也就是中国哲学中的知和行、体和用、主与客，以及各种对偶合一的实现与配合的问题了。

因此，中国哲学方法的特点就是方法和本体的相互发挥，相互界定和相互诠释，而西方则是以方法当做发现本体的工具，以方法论引入本体论两种思想方式有性质上的不同，这是中西方哲学方法研讨定位的主要区别。

成中英认为，中国哲学并无西方哲学中方法论化的方法，如就一般通性的层次来说，中国哲学中的方法决非任何西方哲学中的方法可以取代。若进一步参考西方哲学中的范例，诠释此一非方法论化的方法，则我们可以名之为"非方法的方法论"。中国哲学有此一"非方法论的方法"以及"非方法的方法论"，吾人才能掌握中国哲学的精神面貌。❶

关于创造方法的研讨亦是如此，即方法非方法。

3.5.2 中国形而上学的创造方法论

对比西方创造方法的性质和功用，中国文化背景下的创造方法哲学的核

---

❶ 李醒民. 科学文化随笔丛书[M]. 桂林：广西师范大学，2004.

心是"无法而法",这四个字反映了中国文化背景下关于创造活动的特殊规律及其掌握方法的特殊性质,涉及方法论中的有法与无法、技与道、理性与灵感、有序与无序等一系列深层理论问题。

与西方创造技法以及 TRIZ 理论所追求的形而下的程序化的创造过程方法相比而言,中国早熟的创造文化是形而上的。在方法论方面,中国传统追求的不是严密和精准的方式,其更多的是一种自由性、超越性,是对创造过程的整体领悟而在实践中达到的一种"无法而法"境界。"无"在此并不是"虚无""没有"的意思,而是指"没有分别的总体"。在古代,"无"和"舞"是同一个字,指一种迷离恍惚、合而为一的状态。这种从总体的联系上来把握对象,是一种原始的"整体式"研究方式,尽管这种认识尚处于混沌状态,或不配科学创造方法的美称,但是,其内部明显地有一种强烈的人文主义精神在搏动。

报纸上曾刊登了两张照片,一张是中国汉代的牛的雕塑,实际上就是把一块大石头拿来,略加斧凿,就得到了意象的"牛"。另一张照片是意大利文艺复兴时期的人体雕塑"大卫",其人体结构和肌肉纹理精细而准确。照片下面有一句话是:"你看哪个更艺术?"显然,与中国古代雕塑相比,意大利文艺复兴时期的雕塑是相当写实的、科学的,甚至可说是"数学的"。这些雕塑主要是解剖学成果,雕塑的肌肉和血管的纹理十分细致、精准。在现代,只要用电脑对健美的人体进行三维扫描后再转成雕塑就可基本达到类似效果。但是通过对真牛进行三维扫描,却无法得到中国意象的"牛"。超现实主义画家毕加索曾经发生了一段类似的趣闻,有一次他给一位少妇画像,少妇看到后说不像。毕加索说,是的,夫人,真是太糟了,因为我得委屈你适应我的画像,而不是我的画来适应你。然而 20 年后,这位妇人说这幅画像最真实的刻画出她的个性。

中国艺术的创作原则是"写意性"的,西方艺术的创作原则是"写实性"。

艺术应该高于现实。人们常说,如一幅画画得像照片,那必定是失败的;如一张照片照得像幅画,那倒是成功的。总之,中国传统文化在想象、联想和抽象的思想方法论方面是有着辉煌成就的。❶ 西方传统绘画艺术在发展过程中受到希腊哲学思想的影响,其绘画艺术所表现出来的特征主要是数学的,具体来讲就是光学的和欧几里德几何学的。那时的艺术家们创造了全新的数学透视理论体系和利用光影在二维平面上表现三维景物的科学理论体系,他们不仅能够在二维的画面上有空间、质量和体积,而且能够表现不同材料的质感。因此,西方绘画传统在本质可以说是数学和科学的。❷

科学创造的道理与艺术创造在本质上是相通的,都是人的本质力量之所在——审美创造。在创造方法论上,东西方之别就在于"意象之牛"与"写实的大卫"之别,东方不追求严密、精确的、可以言传的方式,更多的是一种整体的直觉、意会的和美的感受。

一位西方创造学家(以下简称为西者)欲了解东方创造的奥秘,一日,他拜访一位东方文化学者(简称为东者),东者以茶相待。落座后,西者问:"先生,请问什么是创造,如何创造?"东者答"蚊子叮铁牛"的故事:"蚊子叮铁牛。"西者大笑说:"蚊子叮铁牛只能称勇敢,而非创造。看来您只知道中国道法,而不知当今创造及创造技法。"东者微微一笑说:"无法而法乃为至法。"西者疑惑地说:"没有方法的方法怎么会是最高方法呢?简直不可思议!"

"蚊子叮铁牛",言外之意就是"无从下口"。西者和东者的对话,反映了着眼点不同的东西方创造观,西方着眼创造可说可授的层面,东方着眼创造不可说不可授的本质,❸ 属于波兰尼所称的意会知识。

3.5.3 法无定法:科学方法向无法而法的超越

20世纪,由于逻辑经验主义把科学的方法抬至无上的地位,黑格尔称:方法是任何事物所不能抗拒的、最高的、无限的力量。笛卡尔认为:最有用的知识是关于方法的知识。在技术发明、工程技术等实用领域发展起来的西方创造学和 TRIZ 理论也不例外,都极为重视创造技法的研究。事实证明:音

---

❶ 杨玉良. 创新文化是中国强盛的基础 [DB/OL]. http://blog.sina.com.cn/s/blog_ 3f95e4660100baz0.html.

❷ 杨玉良. 也谈李约瑟之谜 [J]. 广东外语外贸, 2008 (5).

❸ 刘仲林. 中国创造学概论 [M]. 天津:天津人民出版社, 2001:182-186.

乐作曲方法可以告诉人们基本的乐理知识、作曲的一些规律和技巧；作文语法则教我们如何遣词造句，构思文章；体育训练方法可以指导把握身体动作的要领，有效地发展机敏与体能；创造与创新技法则可拓展思路，更好地开发智力、智慧，实现创新。然而，应该指出的是：一方面，任何方法给人们提供的是一些要遵循的基本原则，指出一些必要的步骤，介绍一些可供参考的途径与技巧，但方法决非是万能的灵药；另一方面，"法无定法"，在创新过程中，生搬硬套某种技法并非良策。应视不同对象，根据自己的特点灵活选用并综合应用各种技法、手段，不拘一格地进行探索创新才是。正如日本学者市川龟久弥在《创造性科学——图解、等价转换理论入门》中说："一切创造活动都是以按过去的做法不能超越或不能突破现状的危机状态为前提进行。"❶

对初学者而言，方法的确是很重要，它是创造实践的一把钥匙，有着一定的打破思维定势和引导思路的作用。但真正的创造是不能重复的，包含着重大的思维突破，是不能靠模式、方法去模仿的。鲁迅说过："什么是路？就是从没路的地方践踏出来的。"所谓创造，就是在看起来没有路的地方闯新路，大胆探索，披荆斩棘前进。因此，创造是就其本质而言，绝不会有固定不变的技法，创造方法的研究也不是要确定固定的方法来规范未来的创造活动，即不能把创造技法、TRIZ方法作为定法，而是要与中国文化背景下的方法论相融合，走向"无法而法"的超越。

西方历史上也曾出现了关于发明创造的"没有方法"和"反对方法"论题，一定意义上都是对传统科学主义的背叛和反思。法国心理学家G.里博曾认为，许多学术论文阐述过的所谓"发明方法"事实上是不存在的。因为如果这种方法存在，那人们就可以像培养技工和钟表修理匠那样，去培养发明家。❷1975年，美国科学哲学的历史主义学派代表人物保尔·费耶阿本德就公开出版发行了一部重要著作《反对方法：无政府主义知识论纲要》。书中费耶阿本德针对传统论述的科学方法提出了完全不同的见解，他认为，如果说真有一个所谓科学方法存在，那也不是传统意义上科学方法，而只能是他认

---

❶ 市川龟久弥. 创造性科学——图解、等价转换理论入门 [M]. 北京：新时代出版社，1989.
❷ 傅世侠，罗玲玲. 科学创造方法论 [M]. 北京：中国经济出版社，2000：449.

为的科学创造遵循的唯一方法原则就是"怎么都行"。❶ 费耶阿本德认为："一切方法论,甚至最明显不过的方法论都有局限性。""科学史上很多令人瞩目的成绩都是因为某些思想家决定摆脱某些'明显'方法论法则的束缚,或者是因为他们于无意中打破了这些法则。对于任何给定的法则,不管它对于科学来说多么'基本'或'必要',总会有一些情况,在那里不仅无视这些法则而且采取它的反而是明智的。"也就是说,不能被现有的方法束缚住,而是愿意怎么干就怎么干。费耶阿本德由于身体有病,经常接受西医疗法却得不到有效治疗,却在无意中接触到中医文化,使用了中医疗法,结果使他的身体大为好转,从此他肯定了中医文化的意义;不仅如此,他还从理论上用中医文化批判西方科学文化的弊端。他自称是"无政府主义的认识论",他反对一切方法,是片面的,但他反对(科学)方法的新观点无疑是当头棒喝,打破了迷信科学方法的传统,发人深省,也促使人们进一步探索科学方法的真谛。

西方后现代主义提出反理性主义,我们中国古代先哲们很早就提出了同样的主张。事实上,无法而法的修行最早来自东方,有鲜明的中国文化印记。道家的以"无"释道的思想就是其集中反映。这里的"无"是相对于规定性的"有"而言的,"无"乃是对规定性之否定,故老子讲"为道日损",认为道恰恰体现在对理性规定性的消解之中。在艺术创作方法方面,我国宋、元诗坛也有关于"死法"与"活法"(吕本中在《夏均义集序》提出)的论争,到清代,著名画家石涛在《画语录》中提出了"至人无法,非无法也,无法而法,乃为至法"的美学命题。所谓"无法而法",实即是有法而不为所障,知法而不墨守成规。"夫画,天下变通之大法也。"石涛认为,在艺术创作的过程中,离不开具体的创作技法,但同时又不能被具体的法则规律所束缚,要完全参透所有的技法,并将它们融会贯通于创作过程中,即要"了法"。"了法"就是透彻理解、完全参透种种法则和技法,"了法"就是在完全参透所有技法的基础上将之融会贯通,贯注于艺术作品的每一部分。石涛所强调的冲破成法,大胆创新,以及与独创性密切联系的艺术个性,对我们创造实践亦不无启迪。

---

❶ 保罗·阿本德. 反对方法 [M]. 周昌忠,译. 上海:上海译文出版社,1992:256.

创造过程哲学

"至人无法,非无法也,无法而法,乃为至法"。中国文化背景下的创造方法论不是反对一切方法,"无法"并不是真的无法,而是从不拘泥于古人、今人乃至画家本人的既成之法,将具体法则完全参透、融会贯通,在创作中忘却具体技法,不用考虑所下之笔是用曲直表现还是用肥瘦表现,让艺术作品直接流于心迹,自由创作而成,这才是真正的好的方法。从无法到有法,到学法,到用法,到活用法,到破法,到立新法,再到无定法,这是艺术发展的必然规律,同时也是科技创新的发展规律。修炼成"大法、至法、了法"境界,在创造过程中,就能从无序中把握其中超循环自组织的有序性,在无常中把握其耗散结构、超弦递衍的拓扑时空,把握其无常中的有常。

世外人法,无定法,然后知非非法也。"法,非法,非非法",这是一个否定之否定的过程,不是创造方法的简单回归,而是超越"唯法是遵"和"唯法是用"的局限,不必拘泥于任何形式上的东西,在更高水平上赋予创造方法以全新意义。"无法"包摄了"有法",而又超越"有法","无法"是在"知识"基础上上升为"智慧"。知识是对有限的理解与掌握,智慧是对无限的把握与体悟;知识靠记忆和分析得来,智慧靠思考和感悟拥有。智慧是对知识的创造性运用、提升与超越;是"物我合一"的体验,是悟道后的境界,是真、善、美的统一;是知、情、意的和谐。

若继续追问:"知识"与"智慧"的背后又是什么呢?老子说"为学日益,为道日损"。从一定意义上说,"为学"是一个"知识"不断增长的过程;"为道"是一个"知识"不断减损(贯通)的过程,亦即"智慧"形成的过程。换言之,智慧是创造主体(自我)把已有知识融会贯通而获得的一个"从心所欲,不逾矩"的境界。一个重在技法、知识的学习,一个重在智慧的养育,这是"为学"与"为道"的根本区别。当然,一个完整的创造过程,应当是"为学"和"为道"的统一体,"为学"是"为道"的基础,"为道"是"为学"的升华。令人遗憾的是:今天我们的创造理论,重视"为学"有余,忽视"为道"已久。世上流行急功近利的小聪明,而缺乏融贯古今的大智慧,❶ 如图 3-13 所示。

---

❶ 刘仲林. 为"述而不作"正名 [N]. 光明日报, 2011-11-04 (15).

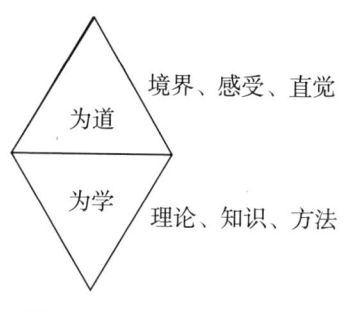

图 3-13 为学与为道的区别

3.5.4 道有其道：由技进道

创造首先是技术，然后才是艺术。说创造是技术，是因为创造有具体的方法和技巧；说创造是艺术，是因为这些方法和技巧在不同的创造场合下可能表现为不同的形式。就如同弹钢琴，在学习钢琴的时候，是没有什么艺术可言的，都是具体的技术细节，包括手指的力度、指法、双手的协调，认识五线谱等，都是具体的技术和方法，只有把这些具体的技术和方法掌握到一定程度后，才能够将其进行组合，运用自己的方式去表现他们，这时候才谈得上艺术[1]，才能达到超越并达到一定的境界。绘画、音乐也好，创造也罢，都是如此。没有技法的创造虽然不能说不是创造，但至少是盲目的创造。但是创造的技法和法则，对于创造实践活动也只具有相对的指导作用和意义，而无绝对意义。创造的技法和法则，是发展变化的，掌握了法则还要懂得变化，需要大胆突破它、超越它，达无法而法之境。以无法生有法，以有法融贯众法。

《周易》曰："制而用之谓之法，法是从各行各业的实践中产生的，是保证人类的实践取得成功的'制而用之'的规范。"[2] 中国道家美学则认为"法"有两层内涵：一层是指日常实用的、微观的、局部有限的、可以言说传的"技法"，另一层面上是与天地自然生命相通的、宏观的、浩茫无限，不可言说的"道法"。[3] 庄子在《天地》篇中对"道"与"技"做出这样的区分：

---

[1] 孙健敏，宁健. 创造性解决问题 [M]. 北京：企业管理出版社，2004.
[2] 刘德强. 无法而法中国艺术方法论仁 [J]. 学术期刊，1997（3）：10.
[3] 仇蓉梅.《苦瓜和尚画语录》美学思想探析 [D]. 内蒙古师范大学，2011.

| 创 | 造 | 过 | 程 | 哲 | 学 |

"行于万物者道也";"能有所艺者技也"。《庄子·秋水》中"道法"是天地万物运行的根本规律,而技法只是各种技艺具体、实用的局部性规律,在这里,"道法"明显高于"技法",它有着脱离技法之外更为广阔的、形而上的含义。

技法要求的是创造主体能够根据一定的知识,掌握运用某种特定的方法,这种方法是具体的、形而下的、可以传授的;而道法追求的是主体在创造过程中的心灵体验,它是本体的、形而上的,也是只可意会而不可言传的。中国古代把具体的操作途径或方法都统称为"技",这也就是说技法是实在的、具体可实施操作的步骤性活动。中国古代人们常不屑于过多的考察"技法"的价值,而往往关注于"道法"的达成,多注重"技法"向"道法"的超越。

庄子认为"技进乎道",在与技与道之间有着内在的通道——掌握熟练的技法,明了其中的"理"。"道法",首先要有长期的技法习得。将技法总结至理法,还可以由较强的逻辑思辨和抽象思维总结的话,那么要想达到道法的境界就非得有"妙悟"才能实现了。❶

《庄子》寓言故事中描述了一些技艺高超的能工巧匠,如庖丁、梓庆、工倕、轮扁等。《庄子》描述的这些能工巧匠有一个共同的特点,即他们的技术都超越了一般的水平,进入了技术活动的最高境界——达"道",在创造过程中实现技术和心灵的双重升华。例如,"庖丁解牛"的寓言,说的是庖丁在刚开始学习宰牛的时候,眼中所看到的无非牛者,即所看到的都是浑然一体的整牛。那时,牛对于庖丁而言就像一个技术黑箱,牛身体内的各种生理结构,庖丁并不是很清楚。而后,庖丁通过对牛进行分解式的逻辑分析,并留心牛的筋骨皮肉的生理结构,三年之后,"未尝见全牛也",即从外面看到的只是牛的筋骨结构,而不再是整体的黑箱式的牛。此后,在解牛时下刀都在骨头缝隙之间,游刃有余,不仅省力高效,而且不损刀具。庖丁的"技"就是顺应了自身的自然本性,又考虑了刀具的自然本性,还契合了操作对象(牛)的自然本性,三者合一才能达到解牛之"道"的境界。庖丁对梁惠王

---

❶ 吴斌,张成玉. 技进乎道 无法而法——石涛《画语录》中道、理(法)、技的互动[J]. 网络财富,2008(5).

说:"臣之所好者道也,进乎技矣",这句话点出了"道""技"关系的核心和精髓,即对"道"的追求超过了一般的技术层面。实际上,宰牛活动如同从事创造活动一样,创造过程中追求"技"之上的"道",就是要使各种有形的技巧和方法逐渐上升为符合事物自然本性的途径和方法,以至于达到能随心所欲、天人合一的程度。一旦达到了"道"的境界,人们对工具就能运用自如,技术操作处顺应自然趋势,这就是老子所说的"道法自然"。❶

《管子·形势》中提到,"羿之道,非射也;造父之术,非驭也;奚仲之巧,非斫削也",也是这道理。后羿是人所共知的神射手,然而,后羿射箭之道并非在于射箭的表面动作而在于对射箭之道的领悟;造父是西周时有名的驾车能手,他驾驭马车懂得爱护马匹,调节饮食,估量马力,因而马能走远路而不疲乏,造父的技艺并不在于驾车的本领而在于对驾车之道的顺应;奚仲是传说中车的创造者,其"奚仲之为车器也。方圆曲直,皆中规矩钩绳,故机旋相得,用之牢利,成器坚固"。这才是奚仲之巧的关键,也不在木材的砍削和制造上。都表现了"由技进道,与道为一"的境界。

刘仲林教授指出,"道"的一般界定是人们通过对事物的整体领悟而在实践上达到的境界。"道",是指把各种学科知识融会贯通,达到天人合一、物我两忘的一种高级状态,它超越了各种具体的"技",是"技"的最高理想境界。技艺达到纯熟之际,运用自如,出神入化,就是"得道"的境界。时下,西方创造学派关于创造,只求更多更高级、更加精细化的方法,总是希望学的技法越多越好,仿佛学的技法知识越多,创造的水平就越高。事实上许多技法大同小异,其本质都是启迪创造思维。和中国传统文化一脉相承的中国创造方法论则不然,它崇尚"无法生有法,以有法贯众法"(石涛语)的观点,石涛又云,"圣人无法,非无法也。无法而法,乃为至法。凡事有经必有权,有法必有化。"《变化章第三》正如康德的见解:天才创造艺术,并非不使用规则,而是用了规则又看似无规则。无法而法,认为没有方法的方法乃为方法的最高境界。它所注意的核心问题,不是各式各样的创造技法,而是万法归一的创造之"道"。

只有把握了创造之道,才把握了创造的本根,才能举本统末,贯通所有

---

❶ 王前. 技术文化视野中的"道""技"关系 [J]. 自然辩证法通讯, 2010 (6).

技法。有了创造技法，不见得就达到了创造之道的境界；而达到了道的境界，就必然是贯通了所有创造技法。换句话说，以创造技法为核心的西方创造学是创造学的初级阶段，是创造学的"小学"；而以道为核心的中国创造学是创造学的高级阶段，是创造学的"大学"。当然，并不是说可以脱离技法之"小学"，直觉达至"大学"阶段，"小学"与"大学"的关系，用孔子的话来说，就是"下学"和"上达"的关系，即学习了许多创造技法以后，还需进一步努力，把各种技法融会贯通，合而为一，达到"随心所欲，不逾矩"的境界，才能掌握创造学的精华和真谛。❶ 这好比练习骑自行车，初学时一招一式都严格按照骑自行车的技法和要领来练习，经过无数次实践，一旦掌握了骑车的要领，就会"忘掉"技法，获得骑车的自由。此时，并不是丢掉了技法，而是技法步骤和要领已融化在行动中，达"创造之道"的境界，也就用不着再一步一步回想了。

追求创造之道，并不是排斥、反对创造技法，而是将各种技法融会贯通，以达到"道法"胜"技法"的境界。如果不能熟练掌握方法和技能，即使与要追求的创造境界有心灵上的契合，也只能心有余而力不足。正如苏东坡所说："有道而无艺，物形之心不行之手。"没有熟练的创造技法作为境界之道的具体依托，不仅会因技能的拙劣而无法创造，更难达到创造过程中身心自如、无法而法的境界。这一境界，并不是完全靠技法学习得来的，而是创造实践中觉悟出来的，超越已有方法，形成自己独特的方法。

当人们掌握了一定创造技法之后，最为关心的就是如何将各种技法融贯在一起、实现由技法进入道法。"为学日益、为道日损"。学习技法与知识，一天比一天增加；修行创造之道，技法与知识的成分会一天比一天少，减少再减少，最后以至于无为而任其自然，任其自然就能无所不为。学习技法知识是一种解构式的逻辑分析过程，首先要主客二分，然后对客体进行解剖分析，从中获得有关客体的具体方法和知识；而求创造方法之道是一种整体归一的方法，首先要天人合一，物我两忘，包括忘掉分解的知识，游于心物之初，体会自然本色，觉悟"无为而无不为"的大道。创造过程的由技进道，包含三个层次，首先把中国文化和创造技法相结合。因为中国文化本质就是

---

❶ 刘仲林. 中国文化与中国创造学 [J]. 天津师范大学学报：社科版, 1998（5）：6-12.

关于"道"的文化,把握了道的真谛,对上达创造之道有积极的加速和促进作用,有事半功倍的效果。❶ 其次在创造实践中,"道"不能靠逻辑分析,而是需要在创造实践活动中不断体悟,逐步趋近。随着认识深化,从整体上体悟各种创造技法的精妙,将技法熔为一炉,达到无法而法的高度,最终达到不凭借任何技法、不受束缚、不违自然的自由创造,这就是对创造之"道"的境界追求和把握;再次在悟创造之道时,要将心与物之间的对立消解,创作主体的心灵一旦被具体的技法所限制,这样他的心灵也就无法在创造活动中自由地翱翔了,也就无法实现"创造从心"。这样的创造活动只能说是充满了"匠气",是各种技法的堆砌,却无法实现创造主体心灵的升华。

《庄子》"外篇"第十九章《达生》之中"痀偻者承蜩"的寓言,"痀偻丈人"之所以掌握了捕蝉的绝技,不仅是苦练技巧,重要是"由技入道",达到"创造从心,与道为一"的境界。这些寓言都说明了体"道"之人的审美创造活动,并不只是身手之功,更重要的是心神之会。

日本学者高桥浩在《怎样进行创造性思维》一书中所列举的"探幽画画"的故事,也能说明忘物、忘我的"与道为一"的创造境界的妙意所在:

从前,寄居在堺(日本国大阪府所属的市)一国寺的画师狩野探幽,受老和尚之托在杉板门上作画。

由于探幽心情欠佳,完全想不出究竟画什么好。就这样空过四五天。一天晚上,小和尚慌慌张张地跑到老和尚屋里报告道:"探幽先生疯了!"

吃惊的老和尚到探幽的房外偷偷地向里窥视,只见探幽在房内把身体挨近拉门的护板,他一会儿扭曲身体,一会儿躺下,一会单腿站立等,做出各种各样的动作。的确疯了,老和尚认为探幽是因为作不出画而得了神经病。他很同情探幽的不幸,遂回到自己的房间。

第二天,没料到探幽在门板上画了一幅卧鹤图,其笔势之潇洒、绝妙,绝非一般画师可以比拟。探幽就是这样每晚摆出各种姿势并加以提炼,然后于第二天将其入画,这样共画出 25 只鹤。

金马在《创新的智慧》❷ 一书中对探幽画师通过特定的心理状态而派生

---

❶ 刘仲林. 中国文化与中国创造学 [J]. 天津师范大学学报: 社科版, 1998 (5): 6-12.
❷ 金马. 创新智慧论 [M]. 北京: 中国青年出版社, 1997: 405, 406.

出的创造智慧进行了分析。认为探幽画师以渗入人的智慧和情感的艺术姿态,比附融入不失仙鹤神韵的天鸟之态,是真正动了全身之力以夺先声的创作之态,是创意发展到极致而后出现的近似疯狂,实则动态超绝的极美的心态,是难得的进入创造意境的通灵剔透的情态,是忘却外在而又为外在带来的奇美的奉献之态。许多创作主体,恰恰是因为在创作过程中太多地顾及外在的影响,而无法达到极致之美的境界。身心并用,全面调动,忘我心境,是动员人的智慧全面发挥的最佳方式。一旦形成"忘我",创造的潜意识就会诱发,经由某种事物的触动,创意和灵感也就悠然而至。

人脑活动,特别是高级的创造思维活动,决不是可以孤立于其他活动之外的,而是身心潜能(包括机能)的一种高度聚能而后集中表现的活动。正因为如此,我们强调人的发展,无论从生命哲学,抑或从创造智慧的养育方面,都有着难以估量的作用和意义。

3.5.5 西方创造之技与东方创造之道合璧

"规矩者,方圆之极则也;天地者,规矩之运行也。世之有规矩,而不知夫乾旋坤转之义。此天地之缚人于法,人之役法于蒙。虽攘先天后天之法,终不得其理之所存。所以有是法,不能了者,反为法障之也。"[1] 天地之间的"乾旋坤转之义"即贯穿于天地间的"道法",是天地运行的根本,规矩法则只是为这个根本大义而服务的。如果只知道各种具体的法则,实用的"技法",而不了解这些法则背后所蕴含的宏观之"道性",那么人类活动只会为具体的法则所拘役、所束缚。创造实践活动也是如此,其方法论的核心就是冲破传统方法的束缚,着眼创造实践中的整体领悟。它不是提供一个或一些机械的方法,不是追求创造技法的多少,而是将数百种技法熔为一炉,合而为一,达到无法而法的高度。

纵观创造方法的嬗变过程,西方创造方法重在形而下的分析和推理,西方创造哲学强调创造方法论,却因方法而局限了本体,即犯了方法规范本体,本体却超越方法的错失,造成了本体的失落,也将会造成方法的危机;而中国哲学因未作心物二分、天人离析的本体假设,故方法之为方法是与心物、

---

[1] 吴冠中. 我读石涛画语录 [M]. 北京:荣宝斋出版社,2007:2.

天人、理气、心性、阴阳、天道等形上学的范畴无法分开的，而在一个动态的过程中随时可以突显出方法学的意义。中国传统文化背景下的中国创造学理论亦即是中国哲学的方法是蕴含于这些形上学的范畴之中，更多地是直指向创造的高峰，重在形而上的"悟"与"道"，中国创造哲学的"非方法论的方法"避免了此一方法与真理对立互斥的困境，因能把方法和本体真理辩证地糅合在一个整体的关联系统之中，也是中国"无法而法"的重大贡献。

各式各样的创造技法，已为人类社会制造出巨大的物质财富。但对于未来的创造而言，这还只是从此岸的"出发"，而不是彼岸的"到达"。随着创学理论的建立和发展，创造方法理论必将是东西方理论完美的融合，即下学各类创造技法，而上达创造之道。即融中西创造学为一体，展现西方创造技法与东方创造之道合璧的创学新貌。

第4章 创造过程认识论追问

创造实践没有止境,创造认识也就没有止境。人类的创造实践活动总是有其创造认识活动作为指导,或者总是相伴着创造认识活动的,正是由于人类的创造实践和创造认识活动,才使人类创造过程的认识不断地超越原有的认识水平,不断地向着认识主体能力的提升、不断地向着认识客体的深度和广度拓展、不断地向着认识角度的多样化和认识层次的系统化发展。因此,研究创造主体对创造过程的认识,建立创造过程认识论也是研究创造过程的根本任务之一。

庄子讲"以物观之,自贵而相贱",意即仅仅从"物"的角度去认识、分析事物,结论难免存在较大的片面性;应当由"物"的层面上升到"道"的层面,即"以道观之",才能透过万物的差异性看到其中的同一性,才能整体把握事物。冯契在其早年论文"智慧"中借用《庄子》的说法,以"智慧"区别于"知识"和"意见",认为意见是"以我观之",知识是"以物观之",智慧是"以道观之"。[1] 同样,把庄子和冯契的说法借用到对创造过程的认识问题上,"以我观之"是创造过程中的主体思维和认识;"以物观之"创造过程中的客体进化规律和知识;"以道观之"是对创造过程认识层面上的整体性思考,是主客体的多维度的融合,是以"以我观之"和"以物观之"为基础。对创造过程的认识最终应升华到"以道观之"的高度,达到"天人合一"的境界。

---

[1] 冯契."智慧",《冯契文集》第九卷《智慧的探索·补编》[M]. 上海:华东师范大学出版社,1998.

4.1 以我观之：创造过程中的第二性问题

现代西方创造工程学从技术创新入手，分析和研究了创造技法和思维在技术创新中的应用，探讨了把创造性思维的综合性研究成果"嫁接"或"移入"到技术创新的过程。创造技法是个标量，没有指向性，它是创造思维的应用。把创造性思维作为影响技术创新的关键性因素，把发明创新归为联想、想象、直觉、灵感等的结果，认为技术创新的实质是一个创造性思维孕育、产生和物化与市场化的过程。这种以西方心理学理论研究为基础而不断发展起来的西方传统创造工程学对创新过程的研究偏重于从主体人格和心理学的角度提供认识论。

马克思主义认识论认为，物质是第一性的，意识是第二性的。意识是人脑对于客观存在的反映，马克思主义认识论的核心即是反映论。思维是意识的主要内容，当然也属于第二性。

作为第二性的创造性思维是怎么产生的？创新思维是从哪里开始的？这仍然是一个起点问题。严格地讲，这是一个逻辑起点问题。因为，这个问题所揭示的是创造理论体系的开端，即创造思维逻辑框架的起点。[1]

韦特海默对创造性思维的研究，是将创造性思维看成一种情境结构转换的动力学过程。文献研究表明，其实绝大多数学者都是从心理机制上将创造性思维寓于思维活动过程中予以考察，立足于创造主体这一微观视角的思维活动过程，是创造过程中的一重要组成部分，离开了创造过程，也无从谈起创造性思维，反之也是一样。

4.1.1 创造思维的特质

（1）东西方创造性思维的特质。东西方不同文化背景下所形成的创造思维，有着不同的特质，有着不同的发展轨迹。从西方的文化背景看，是一个有悠久的理性思维传统的区域，先后经历了亚里士多德的"人是理性的动

---

[1] 孙洪敏. 创新思维哲学论纲 [M]. 太原：山西教育出版社，2006：35，73.

物"、康德和黑格尔哲学构建的人类认识的理性主义和唯物主义以及整个现代实验科学的真正始祖弗兰西斯·培根的以准备、观察、实验和归纳为核心的试验科学理性。其中，培根对创造过程的论述，基本上符合科学创造的具体事实，因为他强调实验，强调人的理性能动性应该在归纳过程中起重要作用，尽管在其思想中还存在着"否认思维创造中的跳跃性"的主要缺点。❶ 现代科学主义继承了近代理性主义的传统，但是，科学主义认识论并没完全忽视非理性因素的作用，认为科学发现是一种"非理性因素"或伯格森的"创造性直觉"，而这种整体的"直觉"是"灵感的激起和释放的过程"❷。如费耶阿本德认为："只要是科学，理性就不可能是普适的，非理性也不能加以排除。科学的这个特点要求一种无政府主义的认识论；并且如果科学不频频弃置理性，就不会进步。"❸ 西方传统关于创造认识虽然有不少经验性的思考和经验性的学说，但是理性思维，特别是理性分析和理性传统非常深远。

与以探索世界本体为己任的西方哲学不同，中国传统哲学不注重人对世界本体知识的探索，不主张人和外部世界的对立，而是注重人和外部世界的渗透、和谐和统一，注重人生的修养和意义。这就是我们通常所说的中国哲学的"天人合一"的传统和精神。基于这种哲学传统和文化精神，中国传统哲学创造认识论实质上是一种修行认识论。修行认识论主张"主客合一"，重直觉、感悟和体验的整合思维方法。中国传统上虽然也有不少理性的思考和理性的学说，但是经验思维、特别是经验论的思考对文化传统的影响更大一些。因此，我们是一个以四大发明为自豪的国度，而缺少的是有关发明创造的理论和学说。❹

田盛颐在分析中西思维方式不同特点时指出，西方文化重分析，重实体和元素；中国思维重综合，着重从整体上掌握事物，强调事物的结构和功能；西方思维以概念和逻辑形式为工具，中国思维则以意象和隐喻为工具。❺ 亦即西方主导思维是概念（抽象）思维；东方主导思维是直觉（意象）思维。

---

❶ 傅世侠，罗玲玲. 科学创造方法论 [M]. 北京：中国经济出版社，2000：274-285.
❷ 胡敏中. 非理性，创造认识论解读 [M]. 北京：北京师范大学出版社，1998.
❸ 保罗·阿本德. 反对方法——无政府主义知识论纲要 [M]. 周昌忠，译. 上海：上海译文出版社，1992：138.
❹ 孙洪敏. 创新思维哲学论纲 [M]. 太原：山西教育出版社，2006：35，73.
❺ 田盛颐. 中国系统思维 [M]. 北京：中国社会科学出版社，1990.

美国创造学家奥奇（R. Oech）将思维分为两大类，一种是软思维，另一种是硬思维。硬思维是一种阳刚思维，是西方思维的特长，是西方哲学的核心概念"逻各斯"（Logos）的"尚理"而演化出来的形式逻辑思维，一般表现为严密的逻辑推断和分析，亦称"概念思维"；软思维是一种阴柔思维，是中国文化特长的东西，它是中国传统文化中的最高范畴"道"之"尚象"而演化出的思维方式，又称为意象思维，软思维一般表现为隐喻、想象、直觉等。

（2）东西方创造性思维的贯通。当明确了东西方创新思维的差异之后，同时也要看到两种创新思维有相通之处和相同之处。所谓相同之处是指，东方的创造思维和西方的创新思维都是创造思维，尽管机制和特点有很多差别，但其属性和规律有不少相同之处。所谓相通之处是指，东西方的创造思维是有密切联系的，并不是外在的联系，而是内在的联系，这种联系可以互为逻辑的联系。东西方创造思维的理论系统之间是可以相互交流的，通过这种交流完全可以形成一种融会贯通的新的理论系统。这种新理论系统既吸收了西方的长处，又吸收了东方的长处，同时又不是单纯属于西方或东方的理论系统。可见，当两种理论相互交流相互吸收的时候，恰恰表明逻辑上相互贯通是可以成立的。

传统东方文化擅长以直觉体悟为代表的意会认识，传统西方文化擅长以逻辑分析为代表的言传认识，而创造性认识需要意会认识和言传认识的有机结合。西方许多著名学者对东方文化产生了浓厚的兴趣并进行了深入的研究，形成了西方意会认识理论，这似乎是21世纪东西文化大会通的前奏和序曲。然而，在我国，却出现了从一个极端走向另一个极端的倾向。随着现代科学的引入，逻辑分析的发展，东方擅长的以直觉体悟为代表的意会认识竟被排挤出创造认识论的殿堂之外，似乎东方的认识论已经成为无一可取的古董。❶

著名日本物理学家汤川秀树比较了东西方思维方式的异同。他认为，尽管西方科学注重的是推理和演绎，但是直觉对于科学来说也是同等重要的，而东方人正好擅长在直觉领域进行思维，因此就不能简单地认为东方人的思

---

❶ 刘仲林，古道今梦：中华精神第一义 新认识[M]．郑州：大象出版社，1999：5．

维有碍于自然科学的发展。汤川秀树还深刻地分析了老子和庄子的思想，挖掘到了科学思维发展的东方源泉。分析心理学理论创立人 C. 荣格（1875—1961）在关于人的创造的深刻论述中提出，不适宜的理智生活以及对科学及其方法的片面理解（荣格认为这是西方文明或其价值观所使然），使得意识与意识的根源或原型决裂，以至于它徒劳地居于高位而牵制了完整人格的内在心灵顺其自然地去发现新事物；而理解东方，了解东方的文明史，研究《易经》，学习和掌握"无为而为"的质朴技艺，则是摆脱意识心理牵制的解决办法或妙方，因为"中国思想……实际上是自然而然的心理学结论"。

《易传》云："一阴一阳之谓道。"东方以整合型直觉（意象）思维为主导，可称"一阴"；西方以解析型概念（抽象）思维为主导，可称"一阳"。"一阴""一阳"组成了人类完整的基本思维方式。创造活动的本质是直觉与形式逻辑相统一的过程，由于其主体的辩证本性，表现了不同层次的创造性：第一是直觉与逻辑概念自发渗透的无意创造；第二是直觉与逻辑概念互相渗透的科学创造；第三是直觉与逻辑概念高度融合的理性创造。创造思维的过程直觉与逻辑的关系是互补的，这种互补不是一种外在的拼合，而是内在统一性和渗透性。

古代伊斯兰教苏菲派流传一个故事。有位瞎子在森林里迷了路被绊倒了，他趴在地上摸来摸去，发现自己压在一个瘸子的身上。于是，瞎子便和瘸子攀谈起来，他们对各自的命运感到自怜之情。瞎子说："我在这个林子里迷路很久了，还是没有办法找到走出森林的路。"瘸子说："我在这地上也躺了很久了，还是不能爬起来走出去。"他们坐在地上交谈着，突然间，瘸子叫起来，"有了！你把我背到背上，我来告诉你该往哪个方向走。我们两个合作就能找到走出森林的路。"这个古代故事里的瞎子，原本象征着理性（rationality），而瘸子则象征着直觉（intuition）。无法学会把二者结合起来，我们就无法找到走出森林的路。❶

（3）系统思维理论。傅世侠教授在与罗玲玲教授合著的《科学创造方法论》一书中，提出了关于创造性思维内涵的见解。书中指出："所谓创造性思维，乃是认识主体在科技实践中，由于发现合适问题的引导而以该问题的解

---

❶ 彼得·圣吉，等. 第五项修炼·实践篇 [M]. 张兴，等，译. 东方出版社，2002.

决为目标前提下，基于其意识与无意识两种心理能力的交替作用，当暂时放弃意识心理主导而由无意识心理驱动时，突然再现认知飞跃而产生出新观念，并通过逻辑与非逻辑两种思维形式协作互补以完成其过程的思维。"进而又指出，"创造过程始终存在意识与无意识两种心理状态或心理能力的作用。各种各样的分阶段模式都表明，在创造性思维的运演过程中，始终存在着意识与无意识两种心理状态或心理能力的作用。创造过程由逻辑与非逻辑两种思维形式协作互补而完成。所谓逻辑思维，也即借助于语言形式（或谓自然语言）表达的思维。其具体表达方式既可以是口头语言，也可以是负载于文字、符号、图表及其他多种形式的载体所表达的非口头语言。非逻辑思维则恰恰相反，严格地说，它们纯属人们内在的心理活动，比如：'联系'、'想象'或'直觉'。"❶

从思维类型角度来看，要解决一个问题，即便是非常简单的问题，仅仅依靠一种思维如抽象思维也是不可能的，至少需要运用形象思维与抽象思维融合的高层次的二阶思维系统；从思维发生的过程看，要能解决一个问题必须充分利用各种知识和信息，这种思维过程极为复杂，用系统科学中的术语来讲，就是开放的思维巨系统，建立和启动这样一个开放的思维巨系统，将是一项崭新的工程技术——思维系统工程。❷ 从系统和发展的观点，系统思维可能是融合理性和直觉的一把钥匙，线性思考（linear thinking）只注重在时空上紧密相连的因果关系，因而很难去把握直觉。结果是，我们大多数直觉都不符合常识——也就是说，不能用线性逻辑（linear logic）语言去解释。❸

思维过程的系统化主要体现在概念思维和意象思维这两种思维形式的综合运用。概念思维是一种显意识的过程，需要进行理性分析和推理；意象思维是潜意识的过程，重在直觉与顿悟。沃拉斯针对一般的创造性活动过程提出了著名的"四阶段模型"，该模型的准备阶段和验证阶段是逻辑思维主导的显意识作用过程；孕育和明朗阶段是直觉及顿悟主导的潜意识思维在起主要作用，该模型的最大特点是两种思维的综合运用，而不是片面地强调某一种

---

❶ 傅世侠，罗玲玲. 科学创造方法论 [M]. 北京：中国经济出版社，2000：274-285.
❷ 戴汝为. 自主创新与创造思维 [DB/OL]. http://www.kjcxpp.com/chuangxinfangfa.asp?id=1095.
❸ 彼得·圣吉，等. 第五项修炼·实践篇 [M]. 张兴，等，译. 北京：东方出版社，2002.

思维的作用，这种综合性运用是创造性思维产生的关键所在，也是该模型至今仍具有较大影响力的根本原因。应当指出的是，这四个阶段之间彼此联系、相互作用，所以其本质是属于创造性思维过程。

意象思维和概念思维作为最基本的思维形式，相当于是人类思维的两翼。用中国文化的语言说，就是一阴一阳（或一柔一刚）；人类的创造活动，都是两翼思维并飞的结果，纯粹的概念思维和意象思维在实践中是罕见的。❶

概念思维对于创造过程中"提出"问题，即促使概念"产生"方面显得无能为力，而意象思维却在寻找新创意的萌芽阶段非常有效。因此，在创造性思维的研究与推广过程不可过分强调其形式逻辑思维过程，而忽略了诸如直接、顿悟等因素在创造过程中的作用。只有突然出现灵感或产生顿悟的阶段才摆脱了旧经验、旧观念的束缚，产生超常的新观念、新思想；也只有通过两种思维方式的交融，使两种思维方式扬长避短，比翼齐飞，才能真正实现的创新。Altshuller曾明确指出，"创新算法的发展将更广泛地考虑心理因素，使算法更加灵活"，这也正说明创新需要逻辑、直觉、技巧的有机结合。❷

4.1.2 创造过程的形式逻辑与直觉思维

思维离不开逻辑，逻辑服务于思维。创造过程中的思维逻辑问题，过去国内一般认为，这种思维有两种成分：一种是以归纳、演绎等为代表的逻辑思维，另一种是以想象、直觉、灵感等为代表的非逻辑思维。对于后一点，有的认为"直觉、灵感等作为一类特殊思维，……在于它们的非逻辑特点。它们不取概念、判断、推理的形式，也不遵循任何逻辑规则"。❸ 英国著名的科学哲学家波普尔认为："并没有什么得出新思想的逻辑方法，或者这个过程的逻辑再现。"❹ 纯粹的、精致的逻辑分析无法实现创造，创造过程需要想象、直觉和审美，而这些恰恰是"只可意会，不可言传"的。如果把创造纳入一

---

❶ 刘仲林. 中国创造学概论 [M]. 天津：天津人民出版社, 2001：201-203, 247.
❷ 根里奇·阿奇舒勒. 创新的算法——TRIZ、系统创新和技术创造力 [M]. 武汉：华中科技大学出版社, 2008：80-83.
❸ 刘仲林. 科学创造性思维中的逻辑 [J]. 中国社会科学, 1983（2）：147-164.
❹ K.R. 波珀. 科学发现的逻辑 [M]. 查汝强, 邱仁宗, 译. 科学出版社, 1986.

个规范的理性的框架当中，就会丢失这些宝贵的创造因素。上述所言的逻辑都意指形式逻辑。

牛顿发现万有引力定律的创造过程，既运用了逻辑思维方法，又运用了非逻辑思维方法。牛顿在其名著《自然哲学的数学原理》中写道：行星依靠向心力，可以保持在一定的轨道上，这只要考虑一下抛射体的运动，就可以很好理解了；一块被抛出去的石头由于其自身重量的压迫不得不离开直线路径，它本应是按照起初开始的抛射方向走直线的，现在空气中划出的却是一条曲线，它经过这条弯曲的路径最后落到了地面上；抛出去时初速度越大，它在水平方向上前进的距离就越远。……但是，如果我们现在想象物体是从更高的高度沿着水平线方向抛射出去的，例如从5英里、10英里、100英里、1000英里或更高的高度，甚至高达地球半径的许多倍。那么，这些物体就会按其不同的速度并在不同高度外的不同重力作用下划出一些与地球同心的圆弧或各种偏心的圈弧，正像行星在自己的轨道上不停地转动一样。

在牛顿的这段记述中，既表明了他发现万有引力定律过程中所运用的逻辑思维，又表明了所运用的非逻辑思维。在发现万有引力定律的创造认识过程中，牛顿的逻辑思维行程首先是从地球对高山上的物体的引力开始的，然后逐步上升，上升到5英里直至1000英里外更高高度物体的引力，上升到地球对月球的引力，并且把这种引力的作用从地球推广到太阳系，这里形成了一个严密的逻辑推理系统。但牛顿在运用逻辑思维方法的过程中，又运用了想象和猜测等非逻辑思维方法，从地球对高山物体的引力推理出地球对月球也有引力。这个推理过程本就包含着猜测和想象的非逻辑思维方法，而牛顿正是运用逻辑思维方法和非逻辑思维方法，利用它们的优势互补关系发现了万有引力定律。❶

创造性思维在问题解决过程中的系统化表现如图4-1所示。

---

❶ 胡敏中. 创造认识论导论［D］. 北京：中共中央党校，1999.

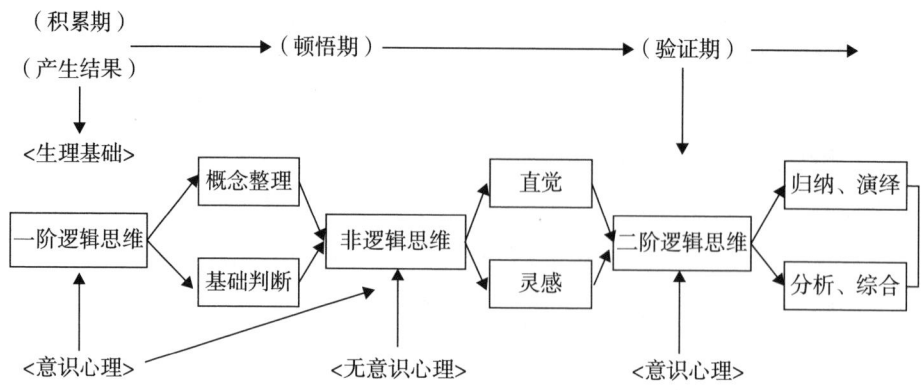

图 4-1 创造性思维关于问题解决的系统化表现图

创新活动是形式逻辑与直觉、灵感的辩证统一过程。理性在认识过程中居于主导与支配性地位，而直觉、灵感则具有相对独立性，起着激发、推动与诱导作用，二者相辅相成，不可或缺。汤川秀树说："单靠逻辑学（形式逻辑）是什么也干不成的。唯一的道路就是直觉地把握整体，并且洞察到正确的东西。换句话说，这里更重要的与其说是铲除矛盾，倒不如说是在整体中发现和谐。"❶

苏联学者 Г. И. 鲁扎文在《科学创造过程中的逻辑和直觉的相互关系》中指出，逻辑学、心理学和方法论都在研究复杂而又有趣的问题，现在还没有一种能够对直觉的机制做出令人满意的解释的理论。因为它们在创造过程中互为补充，因此，把逻辑和直觉对立起来是没有根据的。

创造思维是认识创造过程的核心问题，创造思维的研究具有跨学科的特点，苏联学者彼得罗夫斯基指出，"在哲学认识论一般原理基础上，人类思维有两门互相补充的具体科学，即形式逻辑和心理学来研究。"❷

认知心理学对创造性思维的认识打破了传统逻辑学的束缚，广泛涉及各种思维组成，其优势在于这种从动态入手的方法，抓住了创造性思维中有典型特征的东西；缺点表现为研究是孤立的、分散的，没有建立一种内在的、有机的联系，没有像传统逻辑那样规范化、条理化、形式化，因而给人以一

❶ 汤川秀树. 创造力与直觉 [M]. 周东林, 译. 石家庄：河北科学技术出版社, 2000.
❷ 彼果斯洛夫斯基. 普通心理学 [M]. 魏庆安, 译. 北京：人民教育出版社, 1981.

种难以捉摸的感觉。❶

4.1.3 创造过程中的审美

人们过去常把创造看得神秘而高不可攀，从而采取敬而远之的态度，这等于在自己和创造之间设置了一道不可逾越的鸿沟。另外大多美学研究者则把科学和技术领域的创造摈弃于美学领域之外，将自己的研究囿于艺术和山水的圈子。其实，各类创造实践活动都是充满新奇与和谐之美的，只不过是敬而远之而无法通过其他形式和符号领略到其中的美妙的内涵罢了。哥白尼用美学原则来构造体系，"我们就发现了在这样有秩序的安排下，宇宙里有一种奇妙的对称，轨道的大小与运动都有一定的和谐关系，这样的情形是用别的方法达不到的。"❷

创造实践过程中的美是一种抽象的美，外在事物信息所引起的一系列反应经过同构变换并被理性加工后所形成的美，这种美只有长期从事审美创造实践活动的人才能领略至深。中国古代哲学家庄子在《庖丁解牛》中描述的庖丁用尖刀解牛的举动，居然使人有"莫不中音，合于桑林之舞，乃中经首之会"的美感，正是由于审美创造主体在长期实践中研究掌握对象的规律，达到"神遇"而不以"目视"的自由境界。❸

美在于感受，创造性活动在心理上都能给人以美的感受。美是一种和谐，一种愉悦，是主体与客体相协调的一种境界。人是按照美的规律来塑造世界的，在创造的对象中直观自身。美感在创造实践中有着重要的作用，它能成为创造主体进行创造的强大的动力，能够给予创造者有价值的启迪，帮助创造者在创造实践中做出正确的选择、组合和预见。不仅如此，创造活动过程本身就是一种审美活动，创造思维过程中，有一个审美判断（直觉判断）主导的阶段，这一阶段，往往难以用言语表达。但没有这个阶段，创造就不会成其为创造。正如美学家鲍姆嘉通形象地所指，"一个人不能从黑暗中突然一步就跳到正午的阳光里。同理，一个人从没有认识到有明确的认识，也必须

---

❶ 刘仲林. 创造性思维的互补结构 [J]. 天津师范大学学报，1984 (4).
❷ W. C. 丹皮尔. 科学史 [M]. 李珩，译. 北京：商务印刷馆，1975：172.
❸ 陈大柔. 科学审美创造学 [M]. 杭州：浙江大学出版社，1999：24.

经过诗人们的那种虽是混乱而却明晰的意象作为阶梯。"在科学创造的准备阶段，审美是创造主体选题的重要依据；酝酿阶段，审美能够成为科学家们探索的动力；在试验阶段，在实验验证之前审美是评价科学创造成果的重要标准。由此，我们也可以说，科学创造的过程同时也是一种审美的过程，有科学创造的存在就一定也有审美活动的存在。

法国物理学家彭加勒在《科学与方法》一书中曾讲到：科学家研究自然并非因为它有用处，研究它是因为喜欢它，之所以喜欢它，是因为它是美的。对于美的需要与追求，可以说是科学创造的精神追求和情感动力，而科学创造本身就是科学家对于美的追求，是科学家们审美需要的一种满足。爱因斯坦曾把科学家们的科学研究动机划分为三类：第一类是为了获得智力上的满足感；第二类是为了获得功利的目的；第三类是为了对自然界和谐美的追求。他认为真正的科学研究的动力就是对于自然界永恒的和谐美的追求和热爱。❶

审美的重要作用之一是能够通过情感思维来影响创造过程。这中间通常是科学家的美感鉴赏力起到一种中介的作用。也就是说，一般情况下，总是首先通过美感的中介作用而激发起创造主体家的想象、灵感或直觉，从而促使他出其不意地达到对创造对象的和谐把握。这种情况在科学史上也不是罕见的。1983 年的诺贝尔物理学奖金获得者、美籍印度科学家 S. 钱德拉萨克曾生动地分析过一个颇为突出的例子。那就是德国著名数学家和物理学家 C. H. 韦尔，曾由于他的美感鉴赏力的作用，使得他的直觉所产生的正确结果，竟然早于人们完整地证明这个结果许多年。钱德拉萨克在论文中首先引用了韦尔自己曾说过的话："我的工作总是力图把真和美统一起来，但当我必须在两者中挑选一个时，我总是选择美。"❷

4.1.4　创造逻辑的互补性：形式逻辑与审美逻辑

"以归纳、演绎等为代表的逻辑思维，以想象、直觉、灵感等为代表的非逻辑思维……"等，前面所探讨的思维的"逻辑"和"非逻辑"实质上都是以"形式逻辑"和"非形式逻辑"为界。想象、直觉等思维属于非形式逻

---

❶ 袁媛. 论科学创造中的审美活动 [D]. 长沙：长沙理工大学，2010.
❷ 傅世侠. 创造学 [M]. 沈阳：辽宁人民出版社，1987.

辑，那其本质上是非逻辑的吗？如果不是非逻辑的，那又遵循何种思维逻辑？对于这个问题的研究有两种观点：一是否认意象思维存在逻辑，二是承认意象思维存在逻辑，但把逻辑与形式逻辑等同起来。刘仲林教授认为，这两种观点都失之偏颇，并进而指出，在逻辑以外寻求意象思维的规则或规律，其结果往往很抽象、笼统，难以把握和操作；在意象思维中寻找形式逻辑要素，其结果往往把意象思维归结为形式逻辑，削弱了意象思维的独立意义和存在价值。❶ 能否汲取逻辑学和心理学研究的各自优点，从跨学科的角度，从意象和直觉入手，建立了其思维象式的构成及其推理规律。

刘仲林教授着眼于逻辑学与美学的结合，以及科学思维与艺术思维的融合，东西方思维的交会，提出臻美逻辑思维。把创造过程中，通过想象和直觉的矛盾运动而达到的从整体上推出（领略）理想结果的思维过程，称作为"臻美推理"，认为想象的本质是组合，而直觉是对这些组合的选择判断。把这些组合和判断的矛盾运动联系在一起，就构成了臻美推理运动。❷

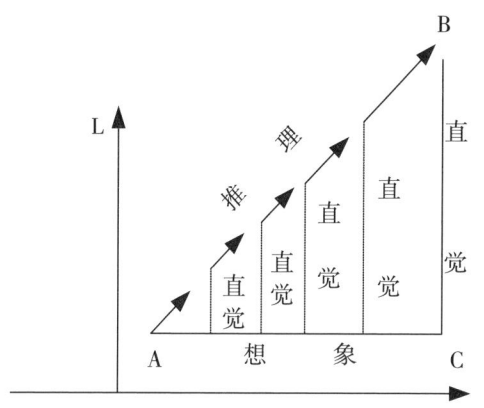

图 4-2　臻美推理运动

臻美推理结构如图 4-2 所示：L 表示理性高度轴；T 表示时间轴；AC 表示想象；BC 表示直觉；AB 表示推理过程。

审美的逻辑起点是什么？

形式逻辑主线是概念、判断、推理；对审美逻辑而言，其起点是想象、

---

❶ 刘仲林. 古道今梦：中华精神第一义　新精神 [M]. 郑州：大象出版社，1999：243.
❷ 刘仲林. 科学创造性思维中的逻辑 [J]. 中国社会科学，1983（2）.

直觉，想象和直觉的矛盾运动构成了审美判断、审美推理；因而，审美逻辑的主线即为审美判断、审美推理。

刘仲林教授从广义逻辑学的角度探讨了科学创造性思维的规律问题，分析了科学家常用的以想象和直觉的矛盾运动构成的臻美推理，并引导出以臻美推理和类比推理为核心的"审美逻辑"，从而否定那种认为想象、直觉、灵感是"非理性因素""非逻辑方法"的观点。继而从两个主要切入点来研究逻辑学：一是从概念入手，研究思维语言的构成及其推理规律，称为形式逻辑，形式逻辑化的分析方法是一种正的方法；二是从意象入手，研究思维象式的构成及其推理规律，称为审美逻辑。形式逻辑从语言真假值的角度研究思维形式及其规律，审美逻辑从意象、乖和度的构成研究思维形式及其推理规律，此推理方法是负的方法，即直觉的方法。形式逻辑与审美逻辑构成创造过程中统一逻辑的完整性与互补性。归纳、演绎、类比、臻美的推理关系图如下，它们组成了一个互补的、对称和谐的推理关系图。❶ 如图4-3所示。

形式逻辑分析方法：演绎推理（由一般到个别）和归纳推理（由个别到一般）。

臻美逻辑推理方法：臻美推理（由一般到一般）和类比推理（由个别到个别）。

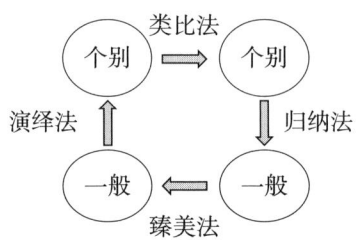

图 4-3 思维逻辑系统图表

从逻辑的角度来看中西方思维，其本质区别在于：

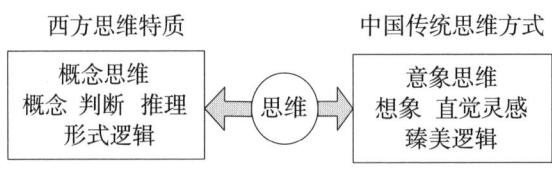

---

❶ 刘仲林. 古道今梦：中华精神第一义　新精神 [M]. 郑州：大象出版社，1999：243.

刘仲林教授还根据广义逻辑和心理学对创造思维的分析，结合中西思维的特质，提出了思维运动的"互补链模型"，如图4-4所示。互补的概念，较早出现在物理学光的波波粒二象性的描述中。这里用互补一词，在于强调思维是人的想象力（代表右脑优势功能，意象思维，审美逻辑，阴或软思维）和理解力（代表左脑优势功能，概念思维，形式逻辑，阳或硬思维）的辩证运动。❶

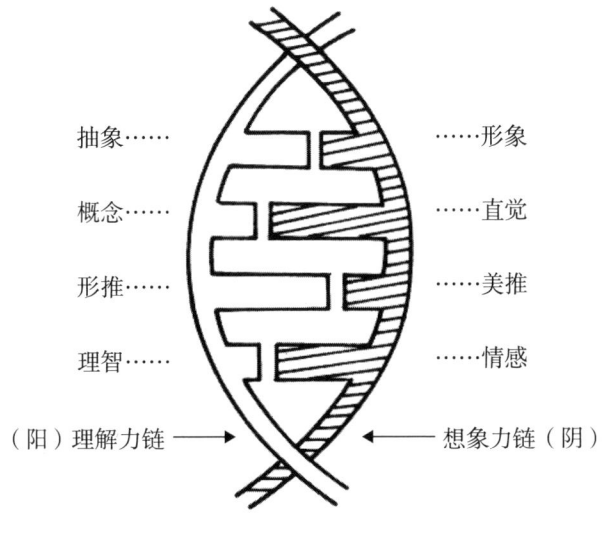

思维的互补链模型

图4-4 思维的互补结构

注：上图中，形推，代表形式逻辑推理；美推，代表审美逻辑推理。

总之，创造认识是一个立体的、多层面的过程，形式逻辑的（分析）尚理与审美逻辑（体悟）尚象的思维形式，在创造性思维过程中都是不可或缺的，创造是形式逻辑的中断，而中断的过程需要通过体悟向"道"的方向延伸，若时时处处用形式逻辑的东西充斥我们的思想，受害的不仅仅是创造，更是我们生来就有的内心的自由的意象，以及对自由思想的追求。因而，审美逻辑思维形式实际上具有更为特殊的意义。只有两种思维和逻辑"和声共鸣"，才能演奏出动人心弦的创造"交响乐"。真正的创造哲学是理智与直觉

---

❶ 刘仲林. 科学创造性思维中的逻辑 [J]. 中国社会科学, 1983 (2).

的结合。概念与意象不可偏重,不可偏废,没有严密的概念思维,我们就会失去科学性、准确性;而没有丰富的意象思维,我们就会失去创造性、整体性。❶ 也只有两者相结合才能产生未来的创造思维哲学。

4.1.5 创造性思维的最高境界

上述两种逻辑主导的四大推理方法,几乎概括了创造思维的全部,然而从中国传统思维特质来看,无论演绎法、归纳法,还是类比法、臻美法,这些可以规范表述出来的方法,都不是创造过程中最高的思维方法。那么中华传统文化视角下思维的最高境界是什么?是"大象玄览"。大象思维的对象不是客观事物或客观知识,而是人的心灵境界,即道。

老子说:"大音希声,大象无形。"(《老予·四十一章》)"道"实际是人达到的一种极高的境界,这一境界既无法用概念思维陈述,也无法用意象思维表达,而是需要在实践中用整个身心玄览(觉悟)。所以,其名"大象",实际是无形无象、超言超象。大象玄览推理方法与一般推理不同,它是一种带有无穷大特点的推理,"大象"大到无形无象的地步,"推理"推到忘言忘象的程度,这一切都无法用语言表达,无法用象数呈现。其名为"推理",实际是以不推制推,无推而无不推的推理。换句话说,"推理"所推的目标是"道",道不可实推,只能虚推。通过虚推,达到"虚而往,实而归"的效果。由"虚"变"实"的关键,是思维者自己的玄览或直悟。

大象玄览之要,在于达到一种"物我两忘、天人一体"的境地。庄子称:"大地与我并生,而万物与我为一。"(《庄子·齐物论》)憎肇更为详细地解释了这一道理,他说:"玄道在于妙悟,妙悟在于即真。即真则有无齐观,齐观则彼已奠二。所以天地与我同根,万物与我一体。"(《肇论·涅槃无名论》)这是一个"物不异我,我不异物;物我玄会,归乎无极"(《肇论·涅槃无名论》)的境界。是在主体认识过程中,抛开中介,物我直接交流,融会为一,达到彼此不分的"天人合一"的最高境界。

《易传》云:"易有太极,是生两仪,两仪生四象。"若把推理系统比作太极结构,则形式逻辑推理和审美逻辑推理组成了"两仪"。何者为阴,何者

---

❶ 刘仲林. 中国创造学概论 [M]. 天津:天津人民出版社, 2001:201-203, 247.

为阳？若从"概念"角度说，形式逻辑可称为"阳"，因为"概念"是形式逻辑的"细胞"，呈显态；审美逻辑可称为"阴"，因为审美逻辑中概念呈隐态。当然，若从"意象"的角度说，这两个逻辑的阴阳象征可互换。另外，形式逻辑中的归纳法和演绎法也可看作该逻辑内的一阴一阳；审美逻辑中的臻美法和类比法也可看作其逻辑内的一阴一阳。这四个推理方法组成了"四象"。那么推理的太极是什么呢？就是"大象玄览法"。其中形式逻辑的归纳法和演绎法构成一个一阴一阳太极图，审美逻辑的臻美法和类比法构成了另一个阴阳太极图，两太极图叠加，组成了"玄之又玄"的形体。

"四推法"达到的是具体的推理目标，而"玄览法"达到的是一种境界，这是二者重要区别。但二者不能截然分开，借用古人的话说是"体用不二"。一方面，"玄览法"必须有"四推法"的思维经验和实践作基础，脱离了这一基础，"玄览法"就成了空中阁楼，毫无意义；另一方面，"四推法"必须飞跃到"玄览法"，才能对思维诸推理融会贯通，实现创造之自由。中国画画家陈子庄谈作画时说：必须于性灵中发挥笔墨，于学问中培养意境，两者是一内一外的修养工夫，笔墨技法是次要的东西，绘画光讲技法就空了。有人光讲意境，无学问来培养，则是句空话。（《石壶论画语要》）这段话说得很深刻，虽然讲的是绘画，但对我们理解推理也有启发。"四推法"类似"学问"，"玄览法"类似"意境"，二者只有其一，则皆是"空"。从更深的层面说，四推法与玄览诸的融会，体现在创造的实践过程中。创造是调动人的一切思维潜能，全面展现人的各种推理能力的综合活动，它既需要务实解决问题的"四推"，也需要洞察全局的"玄览"，二者缺一，则不能顺利克服创造的障碍、达至创之道的精神境地。❶

"大象玄览"是一种超常规方法，在概念推理所达不到的整体性认识中，具有非常重要的作用，是中华传统文化一项重要贡献，对于我们的创造技法的应用也具有指导意义。创造技法的核心是创造思维。若把形式逻辑思维为主导的创造技法称为有法、那么臻美逻辑主导的创造技法即为非法，而大象玄览则为无法而法，即为非非法。所谓"无法而法"是指无定的活法，是一种"心法"，如羚羊挂角，没有"法"可寻。这种创造方法源自禅宗的心心

---

❶ 刘仲林. 古道今梦：中华精神第一要义　新思维 [M]. 郑州：大象出版社，1999.

相传、直指本心的顿悟心法。内典《金刚经》云："如来所说法，皆不可取，不可说，非法，非非法。"认为心即是法，法即是心，强调的是内在的心心相传，而不是外在的言语的传授，所以是"非法"，但为了达到更高的觉悟，不能没有法，必须借法入悟，所以又是"非非法"。

4.2 以物观之：创造过程中的第一性问题

思维是人脑对事物运动变化性质和规律所做出的概括与间接的反映，作为第二性的思维，其反映形式本身必须能够适应作为第一性的反映对象的存在形式需要，也就是必须能够满足对事物运动状态的性质、规律进行概括与间接反映的要求。任何技术创新活动表面似乎都是在主观意识驱使之下的行动，但从实质来看，只是技术创新总体运动中一个个身不由己的举动，都是技术发展客观规律发生作用的某种表现形式。就像一个航行在弯曲河道上的舵手的行为，如果他突然拐弯，难道仅仅是他主观意识的自由发挥？还是因为河道自身的地形分布就是弯曲的？

中国传统文化背景下关于创造过程的研究，从本质上看：一是泛伦理化的，研究的焦点是善，而对真和美的研究，特别是对客观规律之道的探索，对创造实践中知识性问题的探讨，对创新过程中的科学之"真"的认识论研究非常薄弱；同时，由于崇尚整体归一的方法，缺乏对创造过程的解构式分析，忽视了创造客体在创造过程中的作用，导致创造过程缺乏知识性和外在规律性的指导。

创造过程只有在求客观规律之真的基础上，才能务创造之实。而对技术域内创造过程客观规律的深入分析恰恰是 TRIZ 理论的优势和特色。因此，以他之长补己之短，只有关注创新系统演化的客观规律的研究，加强创新过程中的第一性与第二性问题的融合，才能完整地理解技术创新过程，充分发挥技术创新主体的主观能动性，才真正是有形和无形的完善的技术创新演进过程。

创新过程是有规律性的，传统的创新理论主要关注于创造技法和技巧，缺少对创新活动客观规律的探索和总结。技术哲学家 F. 拉普（F. Rapp）说："人类所创造的和未来要创造的一切技术都必然是与自然法则相一致的"❶。从过程论的角度看，只有深入到创造活动的内部，揭示并利用创造活动的规律，才能进行有效的创造。

Genrich S. Altshuller 以唯物论的认识论出发建立 TRIZ 理论，指出创新过程中思维是第二性的，技术规律（技术进化规律）是第一性的。认为传统的创新过程研究处于"炼金术"阶段，它试图通过简单的实验掌握创造过程机制。而对于技术创新最主要的是，技术系统是按照一定的规律实现状态的转换，而不是"随心所欲"的转换。这是发明创造第一性的，客观的东西，而心理学家却忽视了这个重要方面。❷ 研究技术创新过程，不仅要认识这个过程是什么，而关键在于技术进化的第一性的客观规律是什么，指向什么。

4.2.1　技术系统进化理论❸

在技术创新过程中，工程技术人员常常面临这样的困惑：技术产品的进化与发展之路是不是有规律可寻？技术创新之路是不是有法可寻？皮特在评论米切姆(C. Mitcham)的著作时指出，"技术哲学如果真要引起工程师们的兴趣，就需要更多地反映他们的认识论关切。"

技术为一切人类社会所实践，自从有人类以来就有技术。技术的发展与创新不是无规律可寻的，而是随着人类的发展逐步发展进步的。

技术进化论是一种以生物进化论来借喻技术发展的机制和模式的技术史学理论。乔治·巴萨拉曾以技术进化与生物进化相类比，构建了技术发展的进化假说；约翰·齐曼则从技术系统和生物系统之间的结构相似性出发，提出了技术创新进化论。上述研究虽然分析了技术进化的传承连续、创新动因和选择机制，表明了将"技术进化"的概念从一个联想性的隐喻(metaphor)转变为一个符合规范的模型的可能性，但没能对技术系统进化路线、进化的规律和方向等具体问题进行探讨。Genrich S. Altshuller 等人于 1946

---

❶　F. 拉普. 技术哲学导论［M］. 沈阳：辽宁科学技术出版社，1986.
❷　Genrich S. Altshuller. 创造是一门精密的科学［M］. 吴光，刘树兰，编译. 北京：北京航空航天大学出版社，1990.
❸　裴晓敏. 技术发展模式的研究［J］. 科学技术哲学研究，2012 (3).

年开始了工程域内的发明问题解决理论的研究工作，发现任何领域的技术产品改进、技术的变革与创新都与生物系统一样，都存在着出生、成长、成熟、衰退和灭亡的过程，这个过程是有规律可以遵循的；并提出了作为技术创新理论基础的 TRIZ 技术系统进化理论。该理论不仅坚持了技术创新过程论，更主要的是揭示了技术系统演化的客观规律，在创新实践中具备较强的指导性和可预见性。

TRIZ 技术进化理论从技术创新过程研究入手，通过对创造客体进行了解构分析，从中获得了有关客体的知识，进而发展了创新过程认识论。该理论指出技术系统的进化和生物体的进化类似，存在着客观规律：不论是一个简单技术产品还是复杂的技术系统，其核心技术的演变都是遵循着一定的规律，依照客观规律来发展的，即其进化规律和模式是客观存在的。

基于 TRIZ 理论的技术系统的进化法则指出技术进化存在着内在的客观规律，不同领域的技术进化规律是可以相互移植的。在技术哲学范围内，技术进化规律是人们在技术创新过程中形成的不依人们的主观意志为转移的客观存在，并不是精神现象，应该为技术创新活动的客观基础。其中，技术进化理论作为 TRIZ 理论的核心，提供了一种系统化的思考方法。正如日本大阪学院大学的中川彻（Toru Nakagawa）教授认为：TRIZ 其本质上是就关于技术的"新认识（a new recognition or a new view）"，这一新认识将技术（technology）当作"技术系统（technical systems）"看待，即要把技术系统看成是一个由过去、现在、将来而组成的发展着的动态系统。而技术系统是有层次结构的，每一个技术系统又具有多个子系统，子系统本身也是系统，由元件和操作构成，系统的更高级系统称为超系统。图 4-5 展示了技术系统的动态结构。

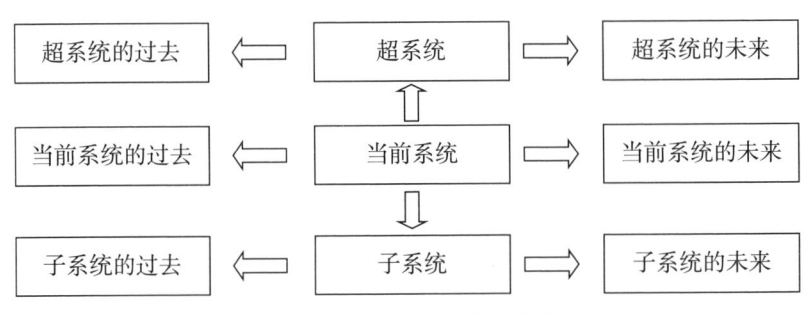

图 4-5 技术系统动态结构（九屏幕）

对于一个具体的技术系统而言，为了提高整个技术系统的性能，对其内部的子系统或组件不断地改进，现系统功能的技术系统从低级向高级变化的过程，就是技术系统的进化过程。技术系统进化理论从技术创新的视角，指出技术系统的进化和生物体的进化类似，是按照一定的规律来发展进化的，这种进化的过程不是随机的，而是有客观规律可以遵循；这些规律是可以被研究并可以利用进化的"路径"和"模式"用来直达创新要点，解决创新问题。

4.2.2 技术系统进化路径

技术系统的整个进化过程是一条由以提高主要有用功能为唯一目的的发明与创新构成的连续链，如图4-6所示。

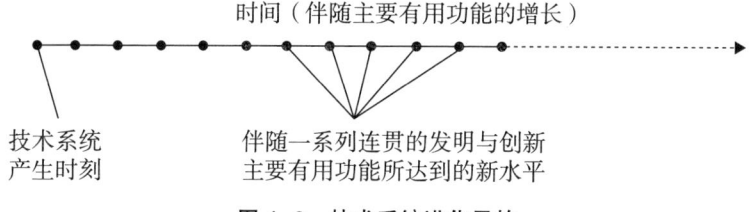

图4-6 技术系统进化目的

技术系统"衍生"出大量辅助性的子系统，子系统自身又分出许多更小的子系统。与此同时，同一类型的技术系统在数量上不断增长，继而出现为之服务的系统，所有这一切共同组成一个更高层次的系统——超系统，围绕着该系统，在管理、服务、培训、销售、销毁报废技术系统等方面又出现了大量的补充系统。技术系统的所有这些变化，目的只有一个，即提高主要有用功能，这是技术的扩展期。随后技术的进化会受到复杂性增长（在物质、经济、生态等方面）客观条件的约束，开始技术系统进化的收缩期：从表面看，这是技术系统的简化过程，如图4-7所示。事实上，在前一进化阶段得到开发、并且在补充系统上实现的那些有用功能，已经开始由理想物质来完成。❶

---

❶ 尤里·萨拉马托夫. 怎样成为发明家 [M]. 北京：北京理工大学出版社，2006，170-172.

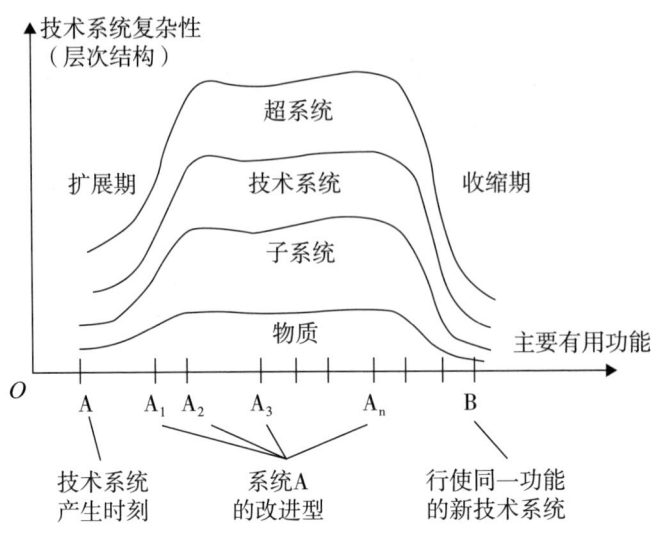

图 4-7　技术系统进化路径

4.2.3　技术系统进化法则

技术系统的进化不是随机的，而是遵循一定的客观规律；他们同生物系统的进化类似，将在发展过程中产生、发展、成熟、衰退、灭亡、直至被新一代系统所取代。当一个技术系统的进化完成图 4-8 中所示的婴儿期、成长期、成熟期和衰退期 4 个阶段以后（此如图 4-9 中的系统 A），必然会出现一个新的技术系统来代替它，（如图 4-9 中的系统 B、C）。如此不断的代替，就形成了 S 形曲线族，即技术规范发生整体变化，由一个技术系统轨道跳跃到另一个有关联的技术轨道的结果。一个技术系统的发展轨道，既具有单个发展的连续性，又具有不同曲线族之间的间断性，这种间断性是由技术规范内关键技术要素的质变所引起的。

技术系统进化的 S 曲线生命周期，揭示了技术一般发展规律，利用这种规律可以帮助我们判断系统在发展过程中所处的位置和阶段，指导我们提前应对发展过程即将出现的危机，引导人们在各个领域预见并解决新的任务，帮助我们做出正确的研发决策。

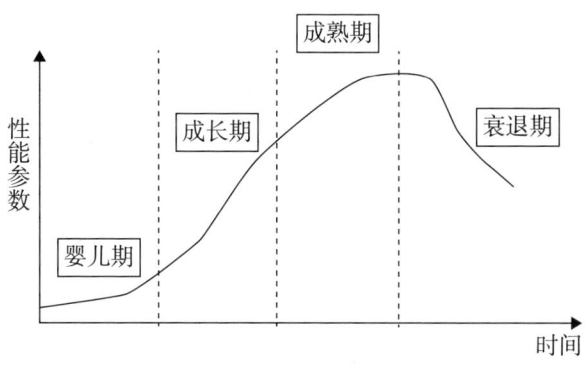

图 4-8 技术系统进化 S 曲线

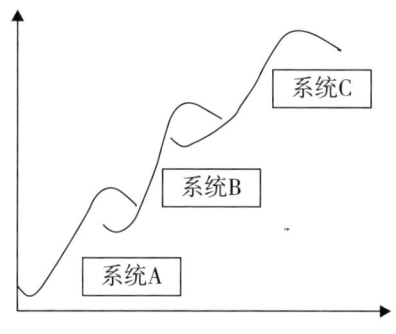

图 4-9 技术系统进化 S 曲线族

任何系统的进化轨迹都是沿着 S 曲线进化，在进化过程中受客观法则的支配。基于 TRIZ 理论的技术系统进化规律，站在技术内部，从"物"的角度剖析了技术进化的路径和所遵循的法则。技术系统在进化过程中遵循 S 曲线法则、完备性法则、能量传递法则、动态性进化法则、提高理想度法则、子系统不均衡进化法则、向微观进化法则、向超系统进化法则、协调性进化法则等通用法则，进化的最终目标是达到理想状态。如果掌握了这些法则，就能预测产品的未来趋势，能动地对产品进行创新设计。技术系统进化法则如图 4-10 所示。

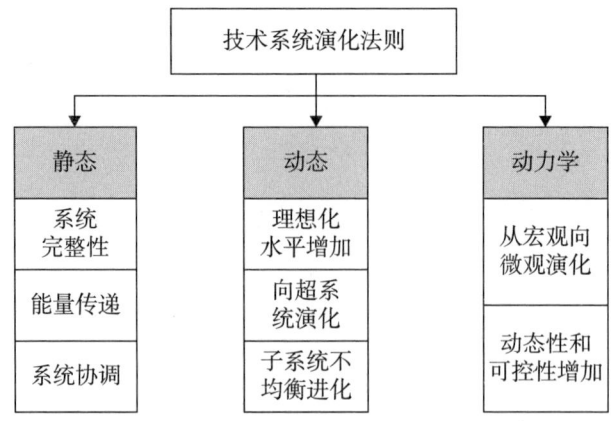

图 4-10　技术系统进化法则

4.2.4　技术系统进化的方向

所有技术系统的进化并不是随机的，在其生命周期之中，都是沿着提高其理想度、朝"最终理想解"（IFR）进化，如图 4-11 所示。提高理想度法则代表着所有技术系统进化法则的最终方向，其他进化法则都应该是为提高理想度服务。一个系统在实现功能的同时，必然有两个相反的作用：有用的功能和有害的功能。而提高理想度即指提高有用的功能与有害的功能的比值，提高理想度水平不仅仅在于一味地增加有用功能，同时还要考虑到怎样减小有害功能。因此，最终理想解（IFR）代表了技术系统的战略方向。TRIZ 理论利用理想化来确定问题的最终理想解，确立技术进化的最高境界，它要求在设计研发之初就充分考虑到技术、资源环境与社会的互动关系，避免技术开发的盲目性和主观利益偏见，易利于形成共同的利益取向。

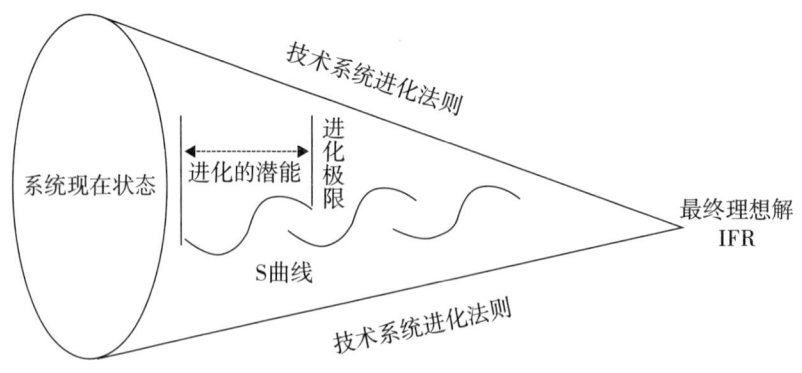

图 4-11　技术系统进化方向

根据进化法则确定技术系统的下阶段和未来各阶段的进化趋势，就可以确定理想解所在的方向，如图4-12所示，技术创新设计中沿着这个方向进行就可以找到理想解。

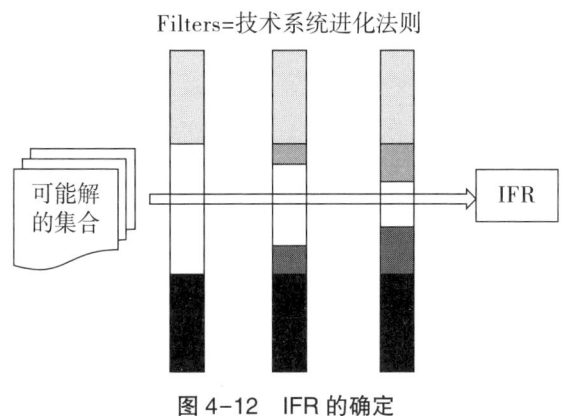

图4-12　IFR的确定

4.3　以道观之：第一性问题与第二性问题的同一性[1]

TRIZ理论从物的角度去认知创造过程，提出了技术创新过程中的第一性问题，形成了一系列关于技术系统进化规律的知识。但由于深受西方工具主义和技术万能的影响，它认为技术发明过程，甚至一般创造过程，只要找到科学的、技术的规律、规则，就能解决一切问题，忽视了创造主体的作用，有"见理不见人"的倾向。知识要转为智慧，还需要"我"和"物"的融合，达到以道观之。以道观之则是从事物本原的高度来透视，剖析事物的内在本质，其结果即谓之智慧。创造（新）是创新主体的创新认知与创新实践相互作用的动态过程。因此，站在道的立场、从道的观点来审视创新过程，重视对技术创新过程中的技术系统发展的客观规律（第一性问题）的研究和认知，不能把"第一性"和"决定作用"等同起来，而是强调创新过程中的同一性。

---

[1] 裴晓敏，刘仲林. 技术创新过程中的第一性与第二性问题［J］. 科技进步与对策，2012（3）.

4.3.1 创造过程中主客体的交遇

工程技术领域关于创造过程的理论研究中，人们往往将创造活动划为主体和客体，独立加以分析。其中以西方创造学派为代表的创造工程学着重于创新主体的创造力开发，重视主体思维的自由活动，把创造性思维作为影响技术创新的关键性因素，把发明创新归为联想、想象、直觉、灵感等的结果，使"我"或"思"成为技术创新的决定性力量，似乎"我"主体比"非我"客体具有更高地位。而忽视了对技术客体内在的客观规律的研究。另一种是前苏联发明家、创造学家阿奇舒勒创立的基于知识的 TRIZ 技术创新理论，关注于技术客体内在的客观规律的分析，强调技术客体内化的规律性，让技术创新之路有规律可寻、有法可寻。但是 TRIZ 理论最大特点是创新像解数学题一样，把创新过程归结为完全程序化的逻辑过程，忽视了主体的创造品质、主观能动性和创造个体的差异性。上述两种研究视角分别从主体和客体的角度来研究技术创新过程，虽各有特色，但缺乏对技术创新主、客体研究必需的理论上的连贯和一致性。

人的创造活动不可能在真空中实现，必须是创造主体在与创造客体建立相互联系的条件下，才具有发展的现实性。从多元论的技术创新个体论观点来看，创新主体是指具备创新意识、创新精神、创新目的和创新能力的人。创新客体不仅指问题客体和结果客体，还包含材料（感性材料和思想材料）与规律客体。技术创新既是一个主体发现规律的客观过程，也是一个主体和客体互相重构的过程：一方面是技术创新主体对技术创新客体的特征、本质及其规律加以认识并内化为主体本质力量的过程，即客体主体化；另一方面又是技术创新主体的这种本质力量对象化、客观化，使创新客体的形式发生改变成为"应然"创新客体的过程，即主体客体化。[1] 在技术创新过程的研究中，处理好主体和客体的统一性关系极为重要，"唯理论"或"经验论"的方法都不可取。理解创造过程中的多重因素，对于这些问题的审查和思考，无疑会起到深化创造学研究的作用。

创造过程不是纯粹主观或纯粹客观的，而是波兰现象学美学家罗曼·英

---

[1] 李兆友. 技术创新哲学研究的反思 [J]. 系统辩证学学报，2003，11 (4)：49-52.

加登称之为"主客交遇"双重过程,是人的物化与物的人化的统一,使得创造行为才得以一个"过程"形式存在。在"主客交遇"的过程中,在发挥人的主观能动性的同时,在处理主体与客体、主观与客观的矛盾时,主体、主观一面顺应客体、客观一面,对于自由创造是至关重要的。庄子认为,以自然人性合乎自然规律,这是最高的自由。庄子虽然重视"技",但他更重视客观规律性。他喜欢用"忘"字来概括主体的"物化",并将这种"忘"看作是实现自由创造的前提。

从创造过程论研究的视野来看,实现创造的关键还是在于人,即在于创造主体在认识活动中达到的主客体的高度统一。因此,应从主客体的同一性出发,以合目的性和合规律性的统一为原则,加强对技术系统进化规律的认识,化客体特征、本质及其规律为主体的力量,寻求理性与经验之间的有效互动。技术创新只有在这种主体客体化与客体主体化的相互作用、双向建构的实践中,才能实现"真、善、美"的统一,天人的和谐。

4.3.2 创造过程中思维与规律的互动

对于人与客观规律的关系,恩格斯认为,自由不在于幻想摆脱自然规律而独立,而在于认识这些规律,从而能够有计划地使自然规律为一定的目的服务。

技术创新规律包括能为创新主体所认知的技术系统进化客观规律和主体的创新实践规律两个方面。西方创造实践规律从主体角度,强调技术创新过程的多元化思维和多方法碰撞,为技术创新提供了方法论指导,但并没有解决技术认识的本源问题。而以 TRIZ 理论为基础以技术进化本源为核心的技术系统进化规律揭示了技术创新过程中的第一性问题,但在传播过程中过于强调了创新过程的逻辑化,忽略诸如直觉、灵感等非理性因素在创造过程中的作用,弱化了主体在创造过程中主观能动性。

强调技术创新规律,这绝不意味着,人们在规律面前无能为力,无事可做。恰恰相反,人们可以认识规律,并利用规律来更好地指导人们的实践活动,实现更好的发展。技术创新过程既是一个主体发现和利用规律、知识的客观过程,也是一个主体和客体互相重构的过程,创新过程只有将主体的思考与客体的演变规律结合起来才能更有效。如果只注重思考而忽略规律的认识与管理,技术创新只能是空想。

4.3.3 合目的性与合规律性的辩证统一

1983 年,远德玉教授提出:技术是人类实践的动态过程。从动态的视角考察技术,技术之本就是技术的基本原理,就是合目的性的自然规律性[1]。技术进化的合目的性指的是人类在社会实践过程中,努力寻找和发现的、并通过一定的工具来表达其内含的效能和作用的技术,既能克服人类自身多方面的局限和不足,又能拓展人们的实践和认识的范围,以满足不同主体各种生产、生活需要的目的。技术进化的合规律性是指技术的进步要合乎人类社会实践和技术自身的发展、进化的内在要求和必然的属性。因为人类社会是一个自然的、历史的发展过程,人类的认知能力、实践水平都是在实践中不断提高的,技术自身的进步也是从无到有、从低级到高级、从简单到复杂不断进化的,二者体现的都是一种不以人的意志为转移的客观要求。[2]

技术进步既体现出满足人类日益增长的需要的目的性,又体现出技术自身进化的内在的必然性;技术的进步是合乎人的主体目的性与技术自身进化内在规律性的辩证统一。技术创新过程是指技术的进步要合乎人类社会实践和技术自身的发展进化的内在要求和必然的属性合目的性与合规律性的辩证统一。只有符合技术自身发展规律的技术创新才真正地具有实践意义和现实意义,也只有符合技术发展规律引导和规范的技术创新实践,才会更加的科学,更加的高效。

从技术创新过程研究入手发展技术创新哲学,可以找到沟通技术创新哲学与技术创新实践的桥梁。以创造实践的研究为导向,从技术创新过程的第一性与第二性问题入手,深入到技术创新的内部,揭示技术系统进化的客观规律,强调技术创新过程的同一性问题,为哲学视野下创新研究开辟了一条新的路径。

技术本身是按照一定的规律发展的,反思我国大多数企业创新能力不足的困境,根本原因在于没有掌握和利用技术发展的内在客观规律。技术创新过程的研究不仅在于能告诉我们它是什么,更重要的是它能指导我们什么。因此,在技术创新重要性日益凸显的今天,技术创新过程研究不能只驻足于

---

[1] 远德玉. 技术过程论的再思考 [J]. 东北大学学报:社会科学版, 2003, 5 (6): 391-395.
[2] 迈克尔·A. 奥尔洛夫. 用 TRIZ 进行创造性思考实用指南 [M]. 陈劲, 朱凌, 郑尧丽, 等, 译. 北京:科学出版社, 278-290.

第二性问题上，在关注技术创新过程中的第二性问题的同时，还应加强创新过程的客观规律性（第一性）研究，自觉地以技术系统发展规律为基础，促进技术创新认识论、价值论、方法论之间的更有效的互动，减少技术创新活动的盲目性，增加可操作性和可预见性。

当然，这种合目的与合规律的统一性还需从技术与人、自然、社会的和谐发展出发，从宏观上对如何合理调控自然环境并协调人类与自然的关系这样一个关系到人类生存与可持续发展的大问题进行指导，指出未来技术发展的趋势。

4.4 基于知识、面向人的创造实践[1]

基于知识系统的 TRIZ 创造方法，虽然一方面忽视人的直觉思维在创造过程中的作用，但另一方面却创造性地分析了技术客体进化的客观规律的知识，进而高屋建瓴地提出，真正的创造是基于知识，面向人的过程。创造活动过程，就是一个面向人的不断实现的过程，是从潜能到现实的实现过程，对于人来说，是实现人的主体性和主动性的过程，是人与现实世界交往过程中显示人的力量。在这个过程中，既强调从作为创造之源的人本心处挖掘创造活动，又要重视人的思维活动过程；在这个过程中，人是自觉自为的又是自在的。从面向人的角度讨论创造，要避免把创造活动抽象化和神秘化。基于知识的角度理解创造活动过程，这个过程要重视利用知识来进行创造的理智的活动，因为知识的产生与人的理性分不开。基于知识的创新的传统创造理论的弱点，这正是 TRIZ 理论的长处。

英国科学家 James Martin 曾预测：人类的科学知识——19 世纪每 50 年翻一番；20 世纪每 30 年翻一番；20 世纪中叶每 10 年翻一番；20 世纪 70 年代每 5 年翻一番；80 年代每 3 年翻一番；21 世纪，几乎每年翻一番！人脑，已经无法担当对海量知识的记忆载体。知识更新速度加快说明了：（1）人类对获取和使用知识的强烈愿望；（2）更说明基于知识的创新的必要性；（3）个体的知识，已经无法支持复杂的产品工程的研发；（3）必须把个体的知识转换成

---

[1] 裴晓敏. 工程域基于知识和本体论的技术创新［J］. 科技管理研究，2012.

公有的、有组织的、可共享的知识;(4)使用人工智能知识程序系统可协助人们提高创新效率。时下,由于人们逐步认识到知识在创新过程中的重要地位,因此,基于知识的创新过程研究也日益受到重视。陈昌曙也曾指出,"技术创新仅仅有诸多创造技法是不够的,还需要从认识论、方法论上对种种创造技法做出概括,探讨它们的共性、类型和本质,在这方面有很多事情可做。"[1]

创新过程只有将思维和知识有效地结合起来才能有效,如果只注重主体的思维水平,而忽视对前人已取得的创新知识的积累和管理,创新方法也只能是空想。同时,由于本体论方法广泛用于知识表达、知识共享及再用,本体论方法在知识工程领域得到广泛关注。因此,把创新过程研究重心延伸到本体论知识层面,把本体论方法和创新理论相结合,开展基于知识、面向人的创新理论研究,对于提高创新效率是极有意义的。

4.4.1 技术知识本体的含义及其演变

本体论原是古希腊哲学中关于客观事物存在的本质和关系的一个哲学概念。17世纪德国经院学者提出"本体论"一词。按照德国哲学家沃尔夫的观点,"本体论论述各种抽象的、完全普遍的哲学范畴,在这个抽象的形而上学中产生出偶性、实体、因果现象等范畴。所以,本体论是靠从概念到概念的推演构筑起来的先天的原理系统"[2]。

近十多年来,本体论被赋予了新的定义,已远远超过了哲学的范畴,广泛用于知识管理、知识工程及人工智能等领域;美国斯坦福大学计算机系的R. Fikes教授和T. Gruber等人从1993年开始了名为"How Things Work"的研究计划,主要目的是研究面向科学工程的基于工程本体(Engineering Ontology)的"共享的可重用知识库(Shared Reusable Knowledge Bases)",该研究大大推动了知识工程中本体论的研究。[3]

创新工程学领域中所谓的本体论方法,就是建构出容纳多门学科知识的

---

[1] 陈昌曙. 技术哲学引论 [M]. 北京:北京科学出版社,1999.
[2] 赵波,陶跃华. 本体论及本体论在计算机科学技术中的应用 [J]. 云南师范大学学报,2002,22 (6),5-7.
[3] 元利兴,宣国良. 知识创造机理:认识论——本体论的观点 [J]. 科学管理研究,2002,20 (6),7-9.

知识库，使求解创造性解决方案的过程简化为寻找知识间联系的过程。这种方法可以使人们找到意想不到的知识或创新的方案。

4.4.2 知识本体与技术创新理论的融合

西方创造工程学关于创新过程的微观研究偏重于从方法论层面探讨创造技法的实际应用，技术创新知识等重要资源却遭到不应有的忽视，导致工程领域中现有的创新知识没有得到有效的组织和应用。随着创新理论的不断深入，基于知识的创造日益受到重视，人们逐渐认识到工程知识对于技术创新的重要性：如果只注重主体的思维水平，而忽视对前人已取得的创新知识的积累和管理，创新方法也只能是空想。

基于知识本体的创新，就是在初始问题和最终解决方案之间建立知识关联，使各行业的静态知识结合到现实问题中而变为有用的积极知识，这是一个不同学科领域之间知识交互作用、融会贯通的过程，其本质是利用知识去创造新知识。坎特（R. M. Kanter）指出不管是哪一种创新，都存在：①创新的过程是不确定的。包括：创新的来源、创新机会的获得和创新结果都是不可预测的。②创新过程是知识密集的。它既依赖创新者个人的创造力和智慧，又依赖于创新过程的知识的管理论小组成员的学习能力。③创新过程是有争议的。这个争议主要体现在不同方案的比较和竞争。④创新过程的知识应用是跨边界的。这主要指创新源的获得来源于跨学科和跨部门。创新活动的这四个特征充分地体现了知识流动的客观存在。从过程论的角度研究技术创新，技术创新是一个动态的过程，分析创新过程中知识的动态发展，可以建立知识空间的概念框架来讨论创新过程的创新概念产生、知识分享、知识扩散和知识转化等问题，以适应知识经济时代对知识管理的要求。❶

基于知识的创新过程需要从"思维模型"向"知识模型"转变，它要求在关注创造技法和主体思维研究的同时注重从知识领域进行技术创新理论研究，在极大程度上，可以克服传统技术创新过程主要依赖于个人经验和个体知识的局限，利用集体的智慧摆脱效率低下的困境。

TRIZ 是基于知识的创新理论的典型代表，理论是通过对 200 多万份世界

---

❶ 林慧岳. 论技术创新的知识空间 [J]. 自然辩证法通讯, 2002, 24 (140).

各行各业的专利知识进行了分析，总结出人类解决工程问题所遵循的基本原理和思路，建立起众多解决方法之间的内在联系，如图4-13所示。基于知识系统的TRIZ创新理论，其最大优点就是这种理论的知识内核不会过时，即创新的法则是不变的，只有那些发明的案例会过时，这种知识的老化速度要慢于其他领域知识，图4-14是对多种不同知识的老化速度的评估。❶

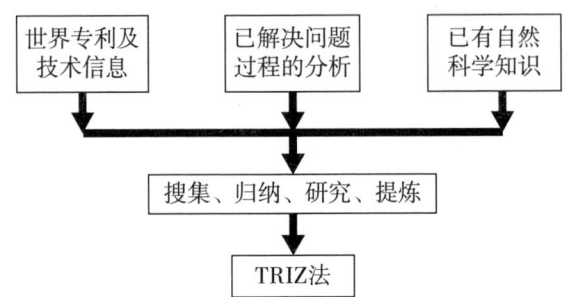

图4-13 基于知识的TRIZ创新理论

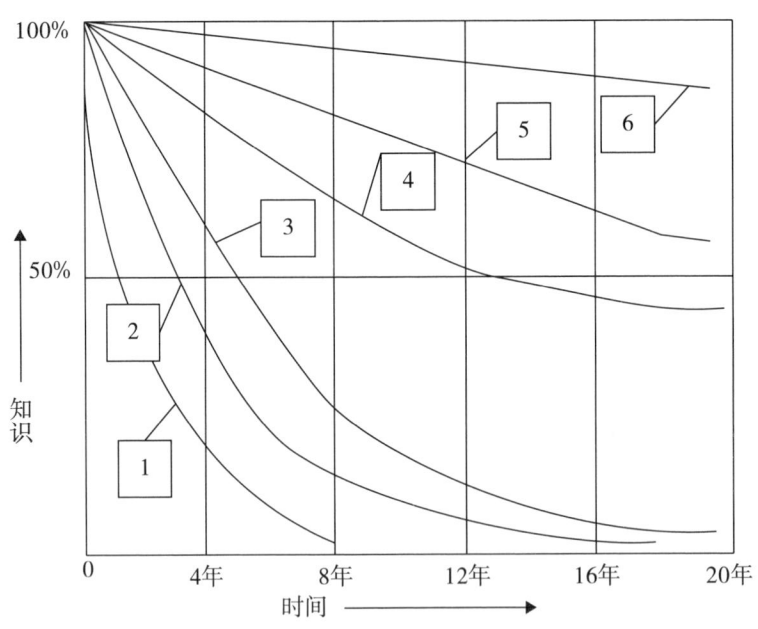

知识：1. 数据处理；2. 技术；3. 专业；4. 学院；5. 学校；6. TRIZ

图4-14 知识的老化程度评估

---

❶ 迈克尔·A. 奥尔洛夫. 用TRIZ进行创造性思考实用指南[M]. 陈劲，朱凌，郑尧丽，等，译. 北京：科学出版社，278-290.

4.4.3　知识本体在技术创新中应用

(1) 基于专利本体的创新知识管理。

当今海量的信息和知识，已经远远超出人的大脑记忆容量，也是人类想象所无法企及的。创新过程中怎样才能快速获取最有价值的知识，这是基于本体的创新知识管理的关键。专利知识作为前人创造发明成果的结晶，技术含量高，可行性强，而且绝大多数来源于创新实践，体现了创新的规律，蕴涵了巨大的战略价值。因此，站在巨人的肩膀上，从成功中学习也是一种创造智慧；若技术创新过程能有效利用专利文献，能节约60%的时间、节省40%的资金的投入。基于专利本体的创新知识管理，不是杂乱无章对知识的机械堆砌，而应该通过分析，建造合理的知识结构，使发挥知识的最佳效应，达到对技术创新的普遍性、通用性和规律性的认识。

但拥有本领域的知识并不等于创新，还需要以类比为指导建立各类信息之间的关联。本体论在构建创新知识库过程中的作用，类似于模拟知识在人类头脑里的组成形式。图4-15是技术创新设计系统的构建，其中专利本体库是连接具体专利信息和创新设计的桥梁，在构建过程中，除了要定义专利保护特征，同时还应该对创新特征——技术系统进化定律进行定义，在实例构建上，可结合TRIZ理论，充分体现创新设计特征。❶

本体论在构建知识组织、知识表达、知识检索和知识应用等方面发挥出了巨大的功效。同时，把知识本体管理纳入技术创新战略的高度，将本体论方法与创新过程研究相结合，为"基于知识面向人的创新"铺平了道路，也为工程技术人员提供了丰富的创新资源知识，拓展了其思维的视野。

---

❶ 俞春阳. 基于专利本体的产品创新设计技术 [D]. 杭州：浙江大学计算机科学与技术学院，2007.

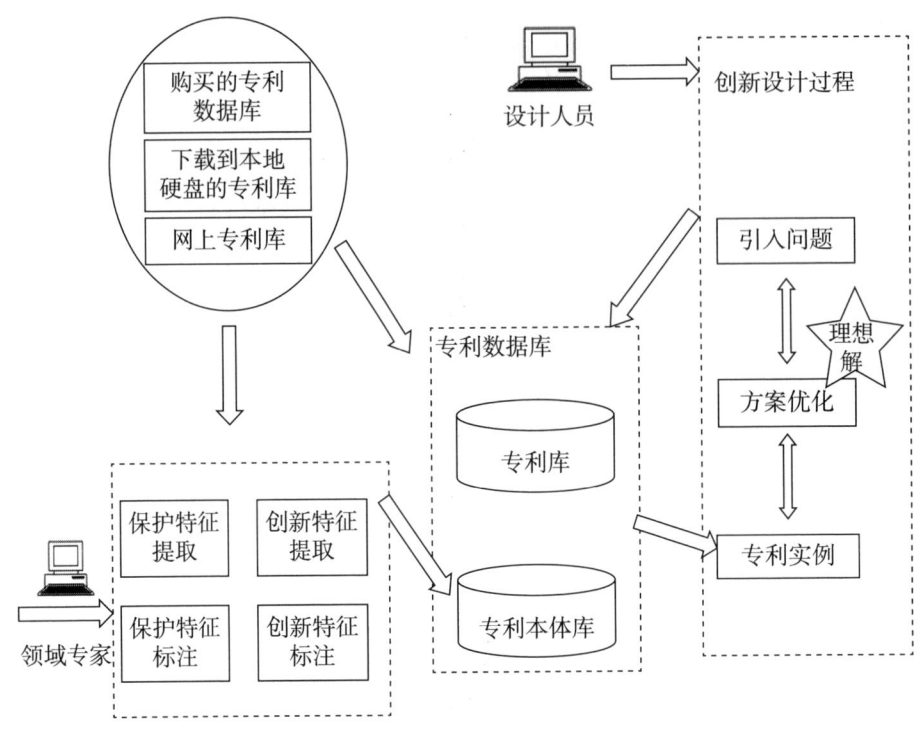

图 4-15 基于专利本体的技术创新系统

(2) 基于本体知识的创新思维扩展。

从问题分析到找到解决问题的方案，还有一个复杂的思维过程。在创新过程中遇到的问题，对于某个行业来说，可能是一个新问题，但对于其他行业的人来说，他们以前也可能遇到过类似的问题，有可能在其他行业已经解决。由于工程技术人员专业知识的局限性，只关注自己研究领域的进展，对自己领域以外的知识知之甚少，由于专业惯性，导致在遇到问题时总是优先在自己的研究领域中寻找问题答案，而很少或无法去自己不熟知的领域中寻求解决问题方案，导致不同行业之间不断重复解决某一类问题。如果把思路放开，借鉴其他行业内的解决方案就有可能解决自己的问题。创新思维过程实质上就是对自身所掌握知识的重构，而创新方案就是通过知识重构而巧妙地找出各种知识间前人或他人未能找出的联系，这些知识之间的关联能以隐喻的形式提醒我们思考什么，这就是创新思维的扩展过程。相对于西方传统的创新思维过程理论，这种基于知识扩展的创新思维过程更加客观，思维定势可以被打破，而且这个知识体系可以尽可能扩大，包括突破工程技术领域界限❶。基于知识之间的本体论关联，联想与类比等创新思维活动可以起到更好的效果，可以帮助我们转变思维方式，克服思维定势，拓宽思维空间。创新主体可从自己的问题出发，在浩瀚的知识"海洋"里，在问题域和解决方案域中寻求有用的知识，快速找到其他领域中解决类似问题的解决方案。

（3）基于本体的计算机辅助创新技术。

构建本体的目的不是大规模的本体知识库，主要在于知识的可再用性。当今时代，科学知识正以史无前例的速度增长，以人脑为主体的创新知识模式已经无法适应技术创新实践的需要。计算机可以把人从创新过程中的耗时的知识查询工作中解脱出来，比如查询专利中类似的发明，或者在知识库中寻找某些领域的科学效应，以及为一个新思路提供必要的恰当的知识。过去，计算机系统发展对于创造过程，尤其是对创新和发明在创造心理上的支持几乎未曾得到研究。❷ 计算机辅助创新（Computer-Aided Innovation，简称CAI）技术源于前苏联，是以在欧美国家迅速发展起来的发明创造方法学（TRIZ）研究为基础，融合现代设计方法学理论，把计算机技术和多领域科学知识相综合而形成的创新技术，着重于用智能计算机系统支持人的创新活动，是概念设计或者方案设计阶段的有效辅助工具。早期CAI技术在技术创新中的应用，仅仅是把TRIZ理论和计算机软件技术简单结合，实现创新问题的解决过程程序化。在相当长的时间里，TRIZ理论与本体论方法一直是互不交叉、平行发展。TRIZ与描述技术知识的领域本体的集成是计算机辅助创新理论发展的新方向。自2002年以来，依维讯公司通过对TRIZ的方法学体系的深入分析与整合，融技术系统分析方法和本体论技术于一体，率先将本体论用于创新问题求解领域，通过构建工程技术对象及其间复杂关系来关联知识，并在计算机上予以实现，形成了独有的描述工程技术领域对象之间关系的知识工程理论体系，开发出了新一代CAI技术和实施方法学。❸ 先进的CAI技术

---

❶ 宋保华. 给思维插上翅膀 [N]. 科技日报，2004，07-07（6）.
❷ 迈克尔·A. 奥尔洛夫. 用TRIZ进行创造性思考实用指南 [M]. 陈劲，朱凌，郑尧丽，等，译. 北京：科学出版社，278-290.
❸ 赵敏，施荣明，孙聪. 知识工程：体系化的企业创新方法研究与实践 [DB/OL]. http://www.ciotimes.com/application/km/km200910211026.

| 创 | 造 | 过 | 程 | 哲 | 学 |

实现了 TRIZ 理论和本体论的完美结合：TRIZ 理论引导我们按照技术系统进化规律来解决问题，实现创新；本体论把与创新有关的各类知识有序地组织起来，以用来辅助创新，二者相得益彰，让创新过程变得有术有道，亦更加有效。

  基于知识的创新并不会使创新过程变得更复杂。相反，依托本体论和 IT 技术的创新知识工程，最大程度地实现专利信息和创新知识关联，并把关联的创新知识和信息作为智力资产以人机交互的方式管理和利用，可以减少重复工作，利于创新主体的自主创新能力。基于工程域知识本体的创新理论作为现代技术创新的核心技术之一，已逐步得到关注。但本体工程到目前为止还处于相对不成熟的阶段，还缺乏完整的工程化、系统化的方法。怎样实现不同本体的集成？如何维护本体及其进化过程？如何保持先前构建的本体与不断变化的知识体系的一致性？等等这一系列的问题都还处于探索阶段，亟待进一步的完善。另外，任何创新过程都是基于知识，同时面向人的过程。技术创新的理论和方法学体系，工程技术领域的创新知识，以及渴望创新、具有创新思维能力的个体和组织，是企业实现技术创新必不可少的三要素。[1] 因此，创新过程研究应强调人、知识和方法的动态统一性，构建完善的创新能力培训模式，才能完整地理解技术创新过程，在关注工程域知识本体基础上，充分发挥技术创新主体的主观能动性，形成有形和无形的完善的技术创新推进过程。

---

[1] 林岳，段海波. 基于 TRIZ 和领域本体的计算机辅助创新设计平台框架 [J]. 机械设计与研究，2005，21（2）.

第5章 TRIZ 创新过程认识辩证观

唯物辩证法告诉我们，在物质世界的普遍联系中，事物是作为系统而存在的；同时，事物也是作为过程而存在的。创造性思维过程中，从创造主体的角度，体现了概念与直觉、分析与意象、形式逻辑性与臻美逻辑性的辩证统一。TRIZ 作为现代创造理论的代表，其中从创造客体的角度，也充分地体现了辩证的思想。日本专家 Toru Nakagawa 在对 TRIZ 进行解析时明确指出："对于发明问题的解决，TRIZ 提供了一套辩证的思考方法"❶。其辩证思想主要体现在以下几个方面：

（1）TRIZ 的三个基本发现、四十个创新原理以及系统的观点集中体现了普遍联系的思想。

（2）TRIZ 将矛盾的解决作为技术系统进化的原动力是矛盾对立统一规律的具体应用。

（3）产品的解有级别，由低级向高级进化，这是否定之否定螺旋上升的写照。

5.1 TRIZ 技术创新理论：一种辩证式的创新观

物质世界的进化受客观定律所支配，最普遍适用的定律是自然辩证法的规律。李香晨曾在《进化系统辩证法》❷ 一书中探讨了进化系统辩证法的规律，把进化系统辩证法概括为四条基本规律：整体联系规律、协同作用规律、结构质变规律和有序化发展规律。并深入地论证了各条规律与唯物辩证法基本原理和基本规律之间的关系，整体联系规律与联系学说；协同作用规律与对立

---

❶ 马力辉. 面向多冲突问题的 TRIZ 关键技术研究 [D]. 河北工业大学，2007.
❷ 李香晨. 进化系统辩证法 [M]. 大连：大连理工大学出版社，1992：1-10.

统一规律；结构质变规律与量变质变规律；有序化发展规律与否定之否定规律，试图从系统科学到哲学之间架设一座理论联系桥梁❶。但这些定律过于宏观，不易操作，需要揭示易于操作的定律，并使之在产品创新设计中应用。❷

TRIZ理论则是将辩证法落实到技术创新实践的一个桥梁，它将创新提高到唯物辩证法的哲学层面，提供了一种辩证式创新观：将问题当作一个系统加以理解，首先设想其理想解，然后建立了由IFR（Ideal final result，最终理想解）出发逆向设法解决相关矛盾；对系统内部资源的利用提高到了一个全新的高度。因此，TRIZ的精髓不存在于"手册类型"的知识当中，而是存在于更深层次的哲学层面之中。❸

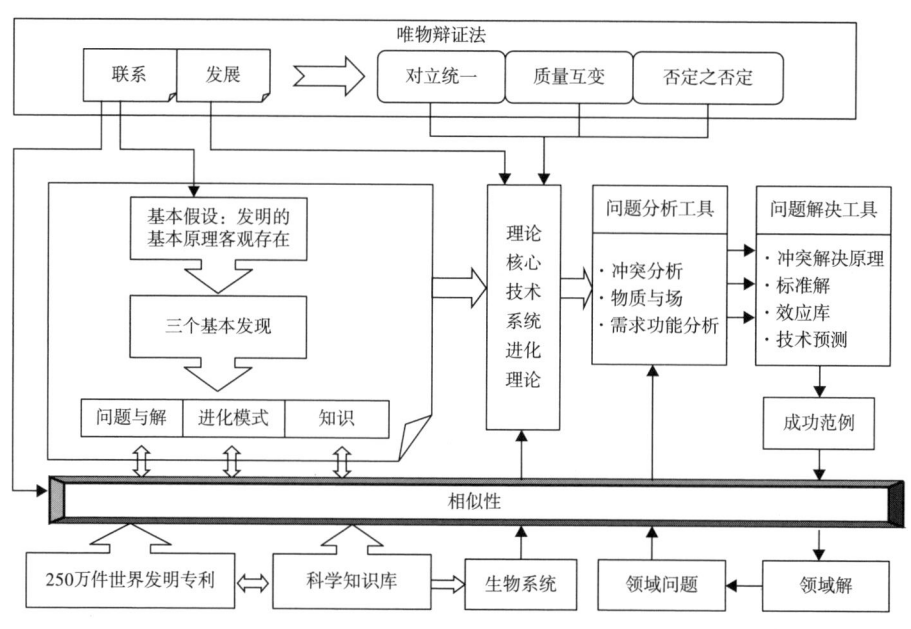

图5-1　TRIZ辩证哲学思想体系

技术系统在进化过程中，和其他任何系统发展一样，都从属于普遍的规律——辩证法的规律，含有复杂的辩证运动，充满了技术要素和思维要素的矛盾冲突和演变转化。Petrov V. 认为技术系统进化规律可从需求进化规律、

---

❶ 王兴成. 评《进化系统辩证法》[J]. 系统辩证学学报，1994（2）：80-88.
❷ 檀润华，张青华，纪纯. TRIZ中技术进化定律、进化路线及应用 [J]. 工业工程与管理，2003（1）：34-36.
❸ T. Nakagawa. Essence of TRIZ in 50 Words [J]. TRIZ Journal, 2001（6）.

功能变化规律、系统进化规律三个方面加以分析，这些规律与唯物辩证法的三大原理——矛盾的对立统一规律、量变到质变关系以及否定之否定规律之间存在直接关系。TRIZ 技术系统进化理论作为辩证法在技术创新领域中最好的诠释与应用，可从矛盾的对立统一规律、量变到质变关系阐明进化过程的机制，即回答技术系统到底是怎么发展的问题，这一问题在技术系统进化法则中得到体现；而否定之否定规律阐明了技术系统发展的方向，即回答了系统究竟向何方向发展的问题，体现在技术系统提高理想度法则当中，理想化的进程正是事物螺旋发展进化的投影。

5.2 有限的原理可以解决无限的问题：普遍联系观点

唯物辩证法将普遍联系看作是其整个理论体系的逻辑起点，而普遍联系恰恰是客观世界的基本特征之一——联系是事物固有的属性和存在方式，事物的性质只有通过联系而存在。而在技术创新实践过程中，遇到的具体矛盾虽然各种各样，但是矛盾类型以及相应的解决方案总是重复出现的，因此，包含有同类型矛盾的问题，可以用同样的解决方法来解决，即"有限的创新原理可以解决无限的矛盾问题"。"普遍联系"的观点为 TRIZ 四十创新原理创造性解决问题提供了哲学依据。

5.2.1 他山之石，可以攻玉

创造过程中，由于创造主体自身知识的局限性和思维惯性，往往只关注自己领域的发展，对其他领域的知识知之甚少，所谓的"隔行如隔山"，从而造成遇到问题优先在自己所处的领域内找答案，而很少在自己不熟悉的领域去寻找解决方案。而创造过程中遇到的问题，对于本企业的科研人员而言也许是一个崭新问题，但对于其他企业来说，往往不是一个新问题，其最佳解决方案恰恰有可能在其他行业已经解决。同样，对于某个行业内的问题来说，可能是一个新问题，但对于别的行业的人来说，他们以前可能已经遇到过类似的问题，而且已经得到很好的解决。因此，我们经常在重复解决某一类问题。他山之石，可以攻玉，如果放开思路，借鉴其他行业内的现有的解决方案就有可能解决我们自己行业的问题。

阿奇舒勒在对发明专利的研究发现，只有大约20%左右的专利才算得上是真正的创新，其他80%的专利早已在其他的产业中出现并被应用过。TRIZ中四十个创新原理是阿奇舒勒等从各个不同工程领域的发明专利成果进行分析、总结，得到的解决矛盾的典型发明原理，它打破了工程领域之间的界限，在问题域与解决方案域中寻求有用的知识，而不是在某个学科或工程领域内寻找知识。但是，矛盾解决矩阵所提供的原理往往并不能直接使问题得到解决，而是以隐喻的形式提醒我们思考什么，提供了最有可能解决问题的探索方向。所以，在实施解决方案的时候，既要保持思维的开放性，还要强调类比思维的功效。

5.2.2 类比思维在有限原理中的应用

类比思维在TRIZ理论应用中具有重要的地位，正如Nakagawa的研究表明，经典TRIZ理论工具过于庞大，其应用过程需要"苛刻的类比思考"，在绝大多数情况下起主要作用的不是TRIZ理论工具本身，而是当事人在类比过程中的直觉和顿悟。恩格斯把类比与辩证思维形式联系在一起，他说："恰好辩证法对今天的自然科学来说是最重要的思维形式，因为只有它才能为自然界所发生的发展过程，为自然界中普遍联系，为从一个研究领域到另一个研究领域的过渡提供类比，并从而提供说明方法。"❶ 市川龟久弥认为，类比本质上是一种模仿，从古就有，但科学创造中的类比不能停留在等同地看待不同事物的类比概念上，而必然要经历一个科学抽象的过程。他便把这个过程定义为抽取"等价物"的过程。❷

TRIZ中的40个创新原理可以作为一个模板被用于任何问题或任意领域，但只有在利用类比的方法来使用这些创新原理的时候，这些模板才能发挥作用。在运用过程中，主要是通过类比抓住问题对象与所提供的创新原理在某些本质属性方面的相似性，再根据所要解决问题的特定条件，利用已取得成功的案例和TRIZ庞大的知识库中的类似问题，把陌生的对象和已知的对象相

---

❶ 马克思恩格斯选集：第三卷 [M]. 北京：人民出版社，1972：466.
❷ 市川龟久弥. 创造性的科学：图解等价变换理论入门 [M]. 东京：日本放送出版协会，1970：36.

比,把未知的东西和已知的东西相比,类比推理,求解应用于领域问题的解决,提出解决问题的具体方法。TRIZ 类比推理如图 5-2 所示。

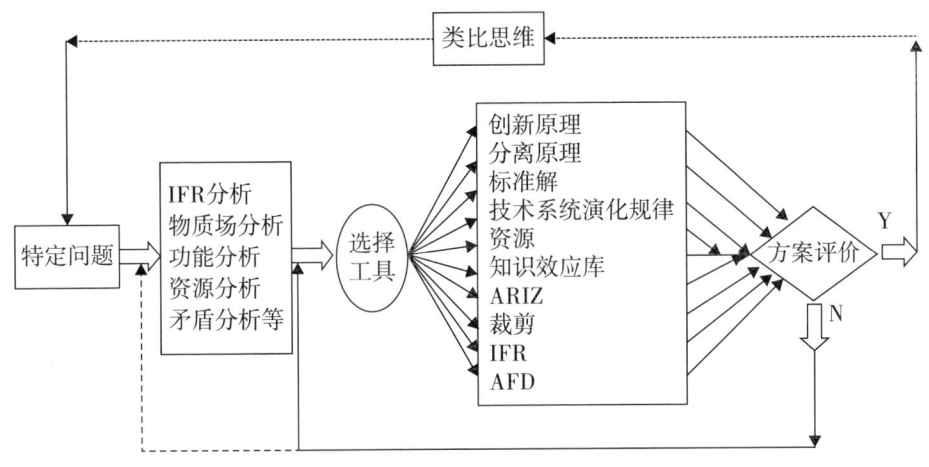

图 5-2　TRIZ 类比推理

TRIZ 创造性解决问题的步骤是:定义和描述具体问题、将具体问题标准化、将标准化的具体问题抽象化、寻找抽象化问题的解决方案、转换为具体的技术创新方案。其问题抽象化和标准解具体化两环节实施关键在于类比推理,包含着从个别到普遍、从普遍到特殊的推理、以及从个别到个别的"相似"推理。应用已经解决的相似问题的方法,借助于跨学科联想和类比,推广到与之类似的领域或对象上去,对待解决的问题起到极大的启示作用,对于创新探索提供较为具体的线索。正如康德在《宇宙发展史概论》所说:"每当理智缺乏可靠论证的思路时,类比法往往能指引我们前进。"

类比是一个伟大的引路人,在我们分析问题和解决问题的过程中可以利用一个较简单的类比问题的解答方法或结果,去找到原问题的解决方法。❶

5.3　技术系统的进化机制:矛盾对立与统一

5.3.1　技术系统内部矛盾的普遍性

从技术发展历史和每一种具体技术的展开方式看,任何技术,都是多重

---

❶ 王早霞. 类比在科学认知中的作用 [D]. 山西大学,2004.

内在因素的辩证统一。这种内在的矛盾统一，是技术之所以在社会发展中，既具有积极倾向也具有消极阻碍作用的内在根据。根据技术系统进化理论，每一个技术系统自诞生起，始终处于不断进化的过程之中，直至这个系统被一个更新、更高级、更理想的系统所取代。那么，技术系统为什么要进化？进化的动力机制是什么？TRIZ 技术进化理论高屋建瓴地从哲学思维上着眼，提出以矛盾解决为核心标志的崭新的技术进化辩证观。

"矛盾"普遍存在于各种产品的设计之中，既包括技术系统内部性能参数之间的矛盾、技术系统内部元技术与结构的矛盾，还包括技术系统与超系统的矛盾，与人、环境、自然的矛盾以及与生产与消费的矛盾等。具体讲，矛盾是在提高主要有用功能的尝试中产生的对同一个子系统存在的相互对立的要求。TRIZ 所针对的矛盾主要是工程领域中的"技术矛盾"和"物理矛盾"。技术矛盾常表现为一个系统中两个子系统之间的矛盾，包括以下几种情况：在一个子系统中引入一种有用功能，导致另一个子系统产生一种有害功能，或加强了已存在的一种有害功能；消除一种有害功能导致另一个子系统有用功能变坏；有用功能的加强或有害功能的减少使另一个子系统或系统变得太复杂。物理冲突则是指为了实现某种功能，一个子系统或元件应具有一种特性，但同时出现了与该特性相反的特性。对于物理冲突通常表现为两个相互排斥的需求同时出现在同一个子系统内，其有以下两种情况：一个子系统中有用功能加强的同时导致该子系统中有害功能的加强；一个子系统中有害功能降低的同时导致该子系统中有用功能的降低。技术矛盾本质上是来自于物理矛盾，技术矛盾的进一步激化即可上升为物理矛盾，换言之，在每对技术矛盾的核心下面都隐藏着一对物理矛盾，物理矛盾则可还原成技术系统的内在矛盾。

TRIZ 理论认为发现并解决矛盾是推动技术创新的动力，并在工程领域开辟了技术创新的微观动力机制研究。首先，从技术创新客体而言，每个技术系统都由实现不同功能的多个子系统构成，子系统的发展是不均匀的，遵循着不均衡进化法则，其思想包含着：（1）每个子系统都是沿着独立的 S 曲线进化；（2）组成技术系统所包含的各个子系统的进化速度不同步、不均衡；（3）不均衡的进化经常会导致子系统之间的矛盾出现；（4）类似于木桶原理，技术系统的整体进化速度则取决于系统中发展最慢的系统，即最不理想的子系统；（5）各个子系统、各个部件只有在在保持协调的前提下，才能充分发挥各自的功能。因此，需要考虑系统的持续改进来消除矛盾。矛盾包括技术系统内部性能参数之间的矛盾、技术系统内部元技术与结构的矛盾，以及技术系统与超系统的矛盾，与人、环境、自然的矛盾以及与生产与消费的矛盾等，这些"矛盾"普遍存在于各种产品的设计之中。TRIZ 理论把工程域内的矛盾分为两大类：技术矛盾和物理矛盾。技术矛盾是两个参数相互制约导致的矛盾：改进系统参数 A，将导致系统参数 B 的恶化；而当系统的进化对同一个参数提出了矛盾的要求时，就构成了物理矛盾。实际上，技术矛盾来自于物理矛盾，换言之，在每对技术矛盾的核心下面都隐藏着一对物理矛盾。这种情形如同一个技术系统的一部分，有一个"A"特性来表现某种性能，而且又有一个"反 A"特性来表现某种相反的特性。

5.3.2 TRIZ 解决矛盾的战略

从技术创新主体的视角来看，创新就是解决工程领域的各种各样矛盾，没有克服矛盾的设计不是创新设计。通常，关于矛盾的发展存在四个战略：第一个战略：不关注矛盾；第二个战略：接受矛盾的一个方面；第三个战略：采取折中的办法；第四个战略：彻底解决矛盾。传统设计中的折中法，矛盾并没有彻底解决，而是在冲突双方取得折中方案，或称降低冲突的程度。TRIZ 理论对待矛盾的辩证法不是逃避、不是折中或者妥协，而是彻底地克服矛盾，推动产品向理想化方向进化。图 5-3 描述了技术矛盾与物理矛盾进化方向。

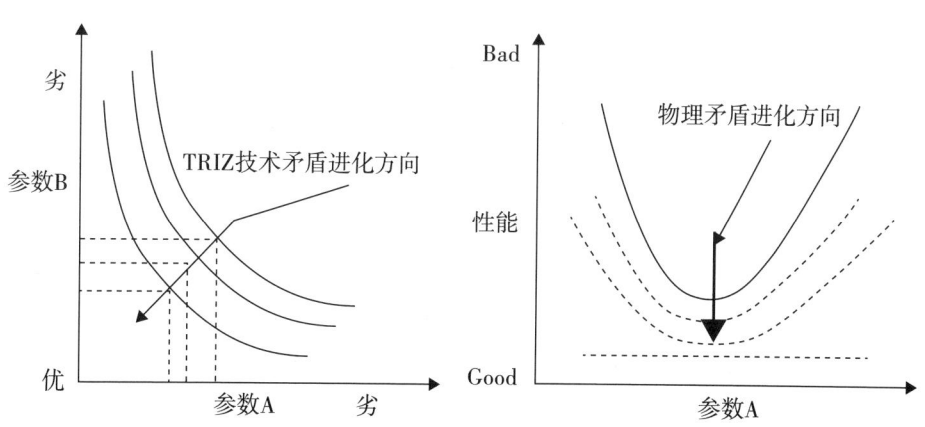

图 5-3 技术矛盾与物理矛盾进化方向

利用解决物理矛盾的四大分离方法：在空间分离、时间分离、条件分离，以及整体与局部的分离，可以打破折中来解决矛盾，获得最终理想解。TRIZ 解决物理矛盾"四种分离原理"的实质正是要求人们打开封闭的头脑，以矛盾对立统一的辩证法则为指导，把矛盾作为统一体的固有内容来把握，同时又把统一与和谐作为矛盾的本来根据来把握，使矛盾在不同条件下相互转化，通过矛盾双方的共融来吸收、同化和超越，使对立面相反相成、和衷共济。辩证的逻辑决定了辩证方法的作用：揭示事物的对立方面，在对立面互补统一的关系中达到新的和谐一致，达到对事物的更完美的认识，实现理论和实践的统一。而"最终理想解（IFR）"作为 TRIZ 理论解决矛盾的最高追求，即是一种终极的统一状态，是矛盾消长到一定的程度时事物发生质的飞跃后形成了新的和谐统一体。

而利用解决物理矛盾的四大分离原理，不仅仅依赖于矛盾在一定条件下简单的相互转化，往往需要矛盾双方的相融合，里面蕴含着"相依""相和"等多意义，是"对立统一规律"所不具备，或不充分具备的。"所谓"相和"，是指对立面双方相反相成——和衷方能共济。"和"是具有中国特色辩证法中的矛盾解决理念。"和"的辩证法是通过矛盾来了解万事万物之间的关系，来超越或同化对立面，或者吸收相冲突但却有启发性的观点。中国的知识传统中根本不存在 A 与非 A 之间的对抗。相反，以道家的精神或阴阳学说来看，A 实际上也暗含了非 A 的情况或者很快就会向非 A 转化——共融。这种中国文化的对待矛盾问题的阴阳观也正是 TRIZ 解决矛盾问题所需要的。

5.4 技术进化的 S 曲线法则：量变质变规律

量变：就是优化现有的技术系统，使之能够将现有功能发挥到极致。质变：就是从根本上改变现有技术系统，使之无限接近于理想状态。

TRIZ 技术系统进化理论指出技术系统的进化不是随机的，而是遵循一定的客观规律。他们会在发展过程中产生、发展、成熟、衰退、灭亡，直至被新一代系统所取代。S 曲线描述了一个技术系统的完整生命周期，也反映了技术进化过程中存在的发展潜能。当一个技术系统的进化完成 4 个阶段的量变以后，必然会出现一个新的技术系统来替代它，于是技术进化路线便转移到新的 S 曲线上，如此不断的代替，就形成了 S 形曲线族（图 5-4），即技术规范发生整体变化，由一个技术系统轨道跳跃到另一个有关联的技术轨道上，即发生了质变。技术系统在 S 曲线上的移动最终导致 S 曲线移动是量变质变规律的反映。

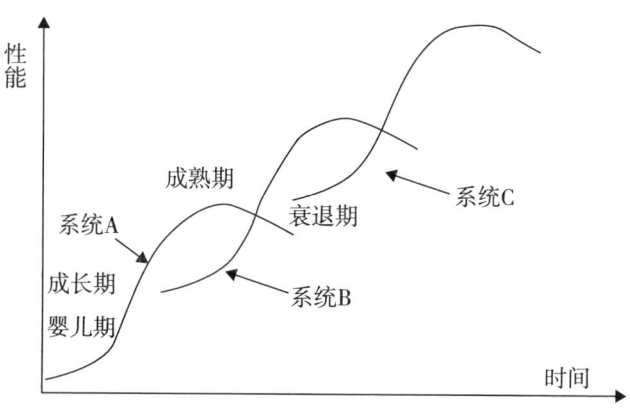

图 5-4　技术系统进化 S 曲线

技术系统量变是连续性的，而质变却是离散的跳跃性的，只有在达到量变的极限时，才会产生质变，于是技术进化路线便转移到新的 S 曲线上。S 曲线的明显的间断与跳跃性，使人联想起库恩的"科学革命"，技术的变革是技术发展不可缺少的一个环节，也是技术能够发展到今天却仍保持着旺盛生命力的原因所在。技术的变革，是革新与革命的综合过程，决定这个过程的有技术自身的内部逻辑结构，也有外部干扰促进下技术得以加速度发展的问题。在技术遵循量变质变的进化发展中，在同一技术规范指导下的技术优化是量变阶段，主要体现为技术的革新。现有的技术进化过程中的矛盾或冲突达到阈值，原有的技术规范约束下的革新，已经达到顶峰时，即无论怎样局部修改其技术规范，都不再能导致技术系统进一步发展的时候，则只有创造新的技术规范，方能推动向更高层次的发展，于是技术发生质变，即发生了技术革命，系统也即进入新的婴儿期。由 TRIZ 技术进化理论的 S 曲线与创新的级别关系（图 5-5）也可看出，进化的婴儿期，专利的级别最高，也标志着新技术的出现或者发现的新现象。此后当具有新结构的新技术系统开始出现发展，当在社会技术总体中占据主导地位，技术革命即告完成，而又进入量变（革新）的发展阶段，即优化阶段。所以，利用S曲线，技术创新人员可以准确地判断产品和技术所处的生命周期阶段，预测出技术系统的成熟度，指导产品或技术创新和研发的方向，指导创造者在产品的各个阶段制定决策，引导人们在各个领域预见并解决新的任务。

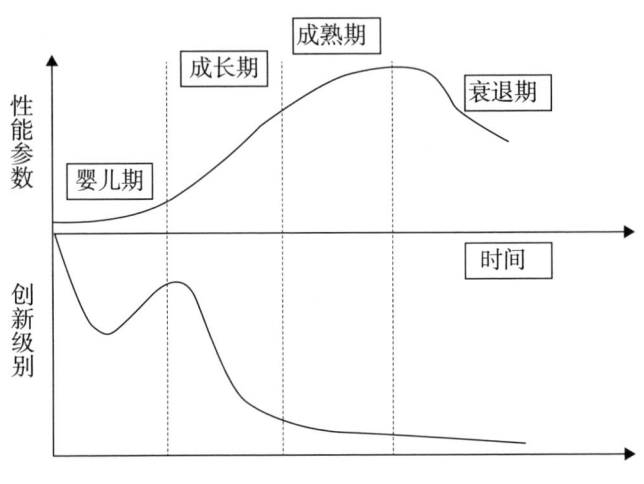

图 5-5　技术系统进化 S 曲线与创新级别关系

事物的发展过程是量变和质变的对立统一。事物变化从量变开始，量变过程包含部分质变；一旦超出旧质相对稳定的关节点，便发生旧质转变为新质的飞跃，并在新质基础上开始新的质变。质量互变规律决定了又一类创造性思维方法：创造者在认识和改造客观世界的过程中应当积极探索，不断积累，在量变基础上寻找适宜的突破，促使尽早发生质的飞跃。

5.5　技术系统的进化方向："否定之否定"规律

从思维观的角度看，人类的思维方式从农业社会—工业社会—后工业社会大体上经历了整体主义—还原主义—新整体主义这一否定之否定过程，从而在对技术创新的价值把握上也依次出现了整体—部分—整体这一否定之否定过程。从自然观的角度看,人类的自然观大体上经历了天人合一——天人二分—新天人合一这一否定之否定过程,从而使创新也经历了朴素生态价值取向—(基本)无生态价值取向—生态价值取向这一否定之否定过程。❶

马克思主义哲学否定之否定规律可以表达为:肯定—否定—否定之否定。从这个视角来看,技术进化的婴儿期是对胚胎期的否定,成长期是对婴儿期的否定,成熟期是对成长期的否定,而退出期是对成熟期的否定,即否定→否定之否定→否定→否定之否定。因此,技术进化理论也是否定之否定规律的应用。❷ 技术系统在沿着 S 曲线进化的过程中也还受着客观法则的支配,如完备性法则、能量传递法则、动态性进化法则、提高理想度法则、子系统不均衡进化法则、向微观进化法则、向超系统进化法则、协调性进化法则等。技术系统进化的完备性法则、能量传递法则和协调性进化法则等揭示了技术系统存在的必备条件,对于一个技术系统的肯定是只有当技术系统的每一个部分均达到最低工作能力,且所有部分共同形成的统一系统的最低工作能力得到保障时,即当肯定方面占主导地位时,事物保持原有的性质和自身的存在,该技术系统才有生命力。提高理想度,获得最终理想解(IFR)则代表了技术系统进化的战略方向;一个系统在实现功能的同时,必然有两个方面的作用:有用功能和有害功能。处于理想状态的技术系统不消耗任何能源,没有任何有害功能,却能够完成系统的主要功能。人类需要的正是有用功能,而不是系统本身。技术系统不断地否定其"非理想"部分(降低有害参数)以提高其理想度,向最终理想解前进的过程,就是技术系统在不断的协调—失调(肯定—否定)中向前发展;当技术系统进化到极限时,否定方面占据支配地位,事物就转化为自己的对立物,实现了自身的否定,新系统的 S 曲线又以原系统相似的方式"重复"进化,技术系统向更高水平螺旋式上升❸。如图 5-6 所示,这种否定之否定规律的作用,促进了技术系统理想化水平日益趋向于 IFR 状态。

---

❶ 张扬,黎昔柒,曹志平. 技术创新价值论研究的拓新之作——评易显飞的《技术创新价值取向的历史演变研究》[J]. 湖南大众传媒职业技术学院学报,2010(1).
❷ 陈欣,何新华. 浅谈 TRIZ 对唯物辩证法的实用主义演进[J]. 广西社会科学,2009(6).
❸ 吕巧凤. TRIZ 哲学思想探析[J]. 黑河学院学报,2011,2(3):5-8.

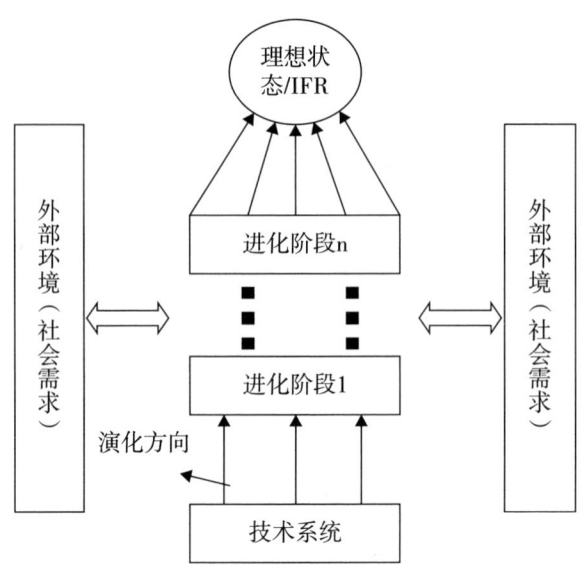

图 5-6 技术系统进化方向

  TRIZ 作为当今技术创新较为有效的理论，国内的研究多关注其方法和工具的应用层面，而对其蕴含的哲学思想缺乏深入的研究。推动创新方法研究是加强我国自主创新能力建设的重要基础，TRIZ 理论不仅提供了创造性解决技术问题的方法和工具，更是提供了一种崭新的辩证的思考方式。那么，TRIZ 的传播就应考虑科学方法与哲学思维的有机结合，从哲学的高度对其进行把握。❶ Genrich S. Altshuller 说："我们的思维，就应该正确地反映这复杂的、活动的、辩证发展的世界。"因此，从哲学辩证的视角对技术系统进化过程理论进行解析，既为技术创新提供重要的认识论基础，又能促进创新理论对唯物辩证法的实用主义演进；反之，在科学的指导下，结合 TRIZ 技术进化论中所蕴含的辩证法思想来指导 TRIZ 理论的"本土化"推广和应用过程，更有利于形成具有中国特色的 TRIZ 创新方法学体系。

---

❶ 胡菊芹. 要从哲学高度把握创新方法研究 [N]. 科技日报，2007-05-18（1）.

第6章 创造过程中的价值取向与境界追求

创造作为一种人类实践活动，不仅是一种客观的与逻辑的选择，而且在其本质上还蕴涵着创造主体的价值选择。创造是蕴含着价值取向的实践活动，是诸要素按人的目的和需要进行重新组合的过程，人的目的和需要的多维性通过创造的经济价值与生态价值、人文价值的矛盾以及创造的近期价值与远期价值的矛盾表现出来。因此，对创造的评价就不仅应是"认识论"的，而且还应是"价值论"的；不仅应以"物的逻辑"为标准，而且还应以"人的价值"为标准；不仅应评价创造是否符合客观世界的本来面目，而且还应评价创造对人是否有价值。创造过程的价值取向是创造哲学探寻的核心问题，又是创造方法论和认识论的实质命义。

6.1 西方技术创新价值追求——IFR

6.1.1 基于TRIZ理论的技术创新目标

发明的艺术就在于移走理想化过程中遇到的障碍，从根本上来改善技术系统。理想化是TRIZ基本概念之一，理想化是驱动人类对任何科技系统去进行改良的本质要素，使得任何科技系统能够更快速、更好和成本更低。

"理想（ideal）"按照字典的意思是：

某种事物是绝对完美的一种概念；

被视为完美或卓越的一种标准或模型；

努力的终极目的；

某种目标；

某种值得推崇或尊敬的原则或目标。

把所研究的对象理想化是科学研究中创造性思维的基本方法之一,科学发展史上,很多伟大的科学发现正是通过理想化获得的。理想状态下的物体是真实物体存在状态的一种极限,如物理学中的理想气体、理想斜面、理想液体,几何学中的点与线等,理想中的设想模型往往具有超前性,这是创新的标志。因此,借助于理想实验来进行创新,可以扭转人们传统的观念,改变或扭转现实中存在的不合理之处。

技术系统进化的主要目的就是活动某种特定功能,传统创新思想认为,为了得到这样和那样的功能或目的,就必须建造这样和那样的装置或设备。TRIZ 理论则认为,为了实现这样或那样的功能,并不用对技术系统引入新的装置或设备,因为任何技术系统都是朝着理想化进化发展,也就是朝着更为可靠、简单、有效的方法前进。在 TRIZ 理论中理想化是一种强有力的工具,它设定了一系列理想模型,在技术创新过程中起着重要作用。理想化包括以下几个方面:

理想化的过程:无过程本身,直接就获得了结果;

理想化的资源:存在无穷无尽的资源,供随意使用,而且不必付费;

理想化的物质:没有物质,却能实现各种功能;

理想化的方法:不用消耗任何能量和时间,却能通过自身的调节,获得所需的功能;

理想化的机器:没有质量和体积,但能完成所需要的工作;

理想系统:?

如英国著名的哲学家威廉·奥卡姆的格言:如无必要,勿增实体。最理想的技术系统就像一把奥卡姆剃刀,把系统简化至:功能俱全,结构消失。

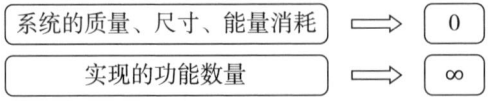

技术系统都是朝着理想化发展,意味着系统、子系统和超系统中现有资源的最大化利用。理想化是系统的进化方向,系统都在向提高理想度的方向发展。

第6章　创造过程中的价值取向与境界追求

技术系统的有益功能与有害作用及成本耗费的比值即为理想化水平，其表述公式是：

$$D = \frac{\sum UF}{\sum C + \sum HF}$$

在式中，D 表示技术系统的理想化水平，UF、HF 与 C 则分别表示技术系统的有益功能、有害功能和成本耗费。TRIZ 的基本原则之一是相信各系统的演进会朝向增加其理想化的方向迈进，根据这一公式，这种演化的方向是：趋利避害，使正面作用尽可能大、负面作用尽可能小。

- 增加各种利益（公式中分子部分有用机能的提升）
- 降低各种成本（公式中分母部分有害机能和成本的降低）
- 降低各种危害

此种演化最后的结果就是理想最终结果（IFR = Ideal Final Result），"最终理想解"（ideal final result，IFR）代表着所有技术系统进化法则的战略方向，也就是说，任何技术系统，理想化是其进化的方向。最终理想解描绘出一个技术问题的各种解决方案，独立于原始问题的机制与各种限制之外。理想解从人们并不需要系统而是需要系统提供的有用功能和益处出发，它拥有所有的利益，原始问题不再有任何危害与任何成本。理想的系统不会占用任何空间、没有任何重量、不需要任何人力、也不需要任何维护保养。理想系统只会产生各种利益而不会有危害。

理想化是客观世界中所存在的物体的一种抽象，一种完美的境界，一切按照完美的状态发展，但无法实现的一种状态；在某种程度上是我们追求完美的情景和愿望，这种情景和愿望会转变成一种动力，促进我们的技术创新成果尽可能追求理想化。[1] 追求理想化，是设计过程从一起点向理想解过渡的过程，这个过程，从哲学的角度来解读，是事物运动发展的一般形式，是"扬弃"后沿着螺旋上升的状态，每一次回归都是更高的水平，是对事物臻于完善境界的观念。

---

[1] 颜惠庚. 技术创新方法入门——TRIZ 基础 [M]. 北京：化学工业出版社，2011，73.

6.1.2 现代西方创新理论中的价值取向与境界追求

IFR 不仅提供了一种思维和一种简化问题的方法,也体现了一种创造价值观:为了要提高有用机能或去消除有害机能使系统更接近理想化。从价值层面来理解,IFR 理想解也是西方技术创新的价值取向和最高追求:

增加理想化,即倡导集约化——以效益、效率为根本;

力求理想化,即倡导功用化——最大限度的利用资源,努力实现虚拟化。

这即是 TRIZ 从创造价值论的角度对功利原则、效率原则所作的精辟表述。意思是说在提高要素质量的前提下,利用尽量少的投入,获得尽量多的产出,应当谋求尽可能高的效率,谋求利益的最大化。这也是许多经济学家、管理学家都持有的"效率至上"观念。人们在这种价值观念指导下的创造行动,最终将使人的创新效率远远超过自然演化的效率。

"在解决障碍、矛盾时存在的可用资源是什么?"这是 TRIZ 理论中运用理想解创造性解决问题的最后、也是最为关键的一步。于是,创新主体为了降低成本,提高效率,必然会在技术创新过程中尽可能多地利用可以自由取用的自然资源。结果,所创造的成果将意味着在比以往更高的水平上和更广泛的范围内以加速方式消耗自然资源,而资源的核算没有计入到技术活动所创造的效益中,一些对人类发展至关重要的自然资源通常是以无价或低价参与技术活动。因此,在追求 IFR 并带来功利的同时,也孕育着一种思维趋向,传达着一种价值观念。单纯以 IFR 为指导的现代技术创新在于它的本质中业已包含着的这种对待事物的方式,用这种观念来指导创新活动,必然不会计较自然资源的消耗、生态环境的损失,更不顾及人的价值和全面协调发展。同时,理想化剥夺了一切事物存在的真实和本身的价值,使之只剩下功能化、虚拟化的存在。在技术创新过程中,人的个性差别和价值也不复存在,一切人都变成了执行某种功能的技术操作人员。事情不仅于此,有朝一日人甚至还成了可以按计划制造的"人力物质",事物成了"虚拟的事物",人类的生活只剩下了"虚拟的假象"。

所以,以 TRIZ 为核心的现代西方创新理论并没有摆脱传统创新理论中的工具理性与价值理性分离的局限,仍然是以"主客二分"观念为主导,以提高有用功能为主要目标,把人的利益作为创新的唯一出发点和目的,由此形成了唯经济利益取向的物本主义技术创新价值观和以"天人对立"思维方式为基础的人类中心主义价值观。虽然也有降低有害作用后果的生态价值取向，但这种重视技术创新的经济功能，以功利为目的的创新，依然忽视了创新过程的人文价值和社会价值以及自然生态价值，人与人之间、人与自然之间、人与社会之间和谐的认识也似乎毫无企及。

以 IFR 为最终追求的创新价值理论更强调的是"利"，摒弃了人文、道德和精神。对于创新主体而言，在逐"利"的过程中，工具理性对他们更有效。工具理性是一种有效性思维，追求效率与行动方案的正确决策，人们所关注的是效率与计划性，而不是人的终极关怀或其他价值。因此，工具理性在不断呈现的过程中，价值理性被遮蔽起来。❶也就是说，在现代技术中并未体现出对自然的"关心和照料"，而这正是由于工具理性的极度扩张造成的后果。海德格尔也意识到现代技术讲求"效率"，"但这种开采首先适应于对另一回事情的推动，就是推进到那种以最小的消耗而尽可能大的利用中去"。❷而追逐利润和讲求效率正是工具理性的一个明显特征，而在这个物欲横流，技术至上，心浮气躁的时代，效率的提高加速了价值的分离，人的主动性、创造性、成就感将会逐步丧失。当创新活动所遵循的功利原则和效率原则推广到人们活动的绝大多数领域时，这两只看不见的手，在创造着物质文明的同时也在进行着文明的破坏。

西方传统技术创新理论中价值理性的缺失及其在实践中产生的负面效应引起了经济学、管理学理论界的质疑和反思，并从 20 世纪末期以来，相继产生了一些新的技术创新发展观和理论，具有代表性的有绿色技术创新和人性化技术创新成为技术创新价值领域理论研究的新焦点。

绿色技术创新的核心过程就是创新的主体对技术创新程绿色化的研究剖析，可以使人们认清楚创新过程的黑箱内部，这使得改善其创新质量及加强创新管理更为有规律可循。Kusz 和 P. Shrivastava 先后提出了基于传统技术创新线性模型的绿色技术创新过程模型和基于企业远景目标、投入、生产和产出 VIPO 绿色技术创新过程模型。

---

❶ 王黎娜. 技术创新生态化转向的哲学与现实维度探析 [J]. 科学与管理, 2011 (1).
❷ 海德格尔. 海德格尔选集 [M]. 上海：上海三联出版社, 1996, 9: 933.

| 创 | 造 | 过 | 程 | 哲 | 学 |

所谓人性化技术创新，是指创新活动中始终坚持以人为本的价值取向，把人类生存和发展作为技术创新的最高目标，使技术创新活动及其成果的运用围绕最大限度地全面满足人的生存需要、精神需要和自由展开，注重提高人的综合素质、充分发掘人的潜能，实现技术与人自身的协调发展。人性化的技术创新实践应该追求两大目标：其一，人性化的技术创新应该以满足人的生存和发展需要作为最高价值目标。根据马斯洛的基本需求层次理论，人的需求包括生理上的需求，安全上的需求，情感和归属的需求，尊重的需求，自我实现的需求。创新必须满足人类生存与发展的基本的客观需要。其二，人性化的技术创新必须以协调人类与自然界之间的关系为最高准则。要求技术在生态层面的价值实现不仅不能给人的生存和发展带来新的生态危机，而且要创造可供人类的健康、安全、幸福、持续发展的生态环境。即要求技术创新在以人的全面发展作为核心的整体价值观的同时，又创造人文价值，最终实现协调人类发展和技术之间的关系，实现人类与社会的健康、和谐发展。❶

新世纪蓬勃发展的生态运动，新的技术创新发展观和理论的提出对传统的技术创新价值观进行了重构，虽陆续提出应将可持续发展作为创新的价值原则，将"绿色""协调""生态化""人性化"等理念体现于创新的过程中，但遗憾的是，由于传统的创新实践与方法等理论与创新价值理论的研究处于分离状态，绿色、生态化技术创新过程这方面的研究多停留在国家层次、产业管理层次和企业职能部门层次，还未能从创新过程视角把其与创造实践整合起来。主要原因在于：第一，创新价值观实现仅仅是拘泥于从创新成果的应用层面上来探讨，两者在创新的过程层面上如何实现更大的交融并没有引起学术界的重视。第二，传统创新过程理论研究或是局限于心理学中的心理过程，或是局限于技术客体的演进过程，具有一定的狭隘性，创新价值理论的走向与重建并没有在创新过程中的方法论和认识论层面得到体现。

---

❶ 夏劲，刘蕊技. 技术创新价值观的反思与重建 [J]. 兰州大学学报：社会科学版，2012，40 (1).

6.2 中国传统文化背景下的创造价值观——道

在西方哲学"天人对立"为基础的绝对人类中心主义技术创新价值观的影响下,人类只考虑自身的需求,只顾及眼前的物质利益、技术创新及其进步成为征服、改造、占有和控制自然的工具,在实践活动中造成严重的环境问题和社会问题。因此必须走出并超越这种传统的技术创新价值观,走向以中国哲学中的"天人和谐"思维方式为基础的相对人类中心主义技术创新价值观。

6.2.1 中国传统创造价值追求

中国传统文化有儒、道、释三大流派,三派有一个共同点,就是主张境界说。它们各自提出了不同的理想境界,以及实现理想境界的不同方法,虽内容不尽相同,但都用"道"一词来概括,由此形成同中有异,异中有同的中国传统文化鲜明特色。老子《道德经》开篇,"道可道,非常道",虽然不言创造二字,但全书五千余字就是实现长盛不衰的一整套永续性的创造学说。

老子说:"道生一、一生二、二生三、三生万物。"(《老子·四十二章》)所谓"生"就是创生,就是创造。老子揭示了"道"是创生之本,创造之源,创造之境。"道"最具原创性,它可生一、生二、生三乃至万物,故道含有创造蜕变之生机。老子又说:"天下万物生于有,有生于无。"这句话显示出创造过程中有无相生的道理。英国哲学家罗素在 20 世纪初曾提出老子的"生而不有,为而不恃,长而不宰"(《老子·十章》)正是他本人所提倡的创造冲动。以下几点可以让后人以创造为核心来理解和把握传统创造观的思想和精髓。①罗素所提段落中的"生"和"为",恰恰具有实现从无到有的创造意涵。❶②人法地、地法天、天法道、道法自然。——《老子·二十五章》,"道法自然"是整个道家思想的理论基础。"道法自然"可以理解为顺

---

❶ 翁君奕. 多变环境中的长盛不衰之道:《老子》永续创造学说解读 [J]. 管理学家:学术版,2009(3).

的精神，即是顺应自然之大道的精神，法自然者，在圆法圆，在方法方，而与自然无所违也。具体地说就是要做到"无为"。当然，"无为"不是什么也不做，不是有意去"为"，不动用心计、智力去"为"，是顺着人的自然本性，自然而然地"为"，这种"为"的境界就是"无为而无不为"，即自然而然地达到"为"的效果与目的。③"能有余以奉天下，唯有道者"（《老子·七十七章》），天人合一之道本身就是一个创造的过程。也就是说，只有那些按照道指引的方向去开拓和发掘出道的潜能的"有道者"才能实现从无到有，为社会创造新的财富。所以，在这里"有余"可谓是创造物质成果的标志，而"有道者"即为创造者。❶

"道"是中国思想中最崇高的概念。所谓行道、修道、得道，都是以道为最终目标。中国传统"创造之道"有三个突出的特点：一是创造的含义是广义的，既包含天的创造，也包含人的创造，人的创造要以天创为师。在天创的基础上合而为一；二是创法自然，无声无语，功成不名有，无为而无不为；三是创造之道不可说，说出来的东西不是真正的创造之道。❷ 在老子"道法自然"价值取向构架中，主张正确处理人与自然的关系，强调人与自然的和谐一体的思想，正所谓"天地与我并生，万物与我为一"。"道"的学说不仅是人类"绿色运动"的思想前驱，而且经由语境的转换和放大，也不啻于可以看作是今日"生态社会主义"学说的先声之响。今天当我们面对现代科技文明高度发达所产生的负面作用而进行反思时，就会发现中国传统的创造观，对于我们正确认识科学技术的社会价值具有一定的启发性。人与自然层面，在中国的创造哲学一直强调人与自然和谐共处，天、地、神、和谐共生的理想境界。人与自然是在同一个浑然和谐的整体系统之中的，自然不在人之外，人也不是自然的主宰，真正的美就存在于人与自然的和谐中，最大的美就是人与天地、万物之间的那种化出化入、生生不息、浑然不觉、圆通如一的和谐。❸

---

❶ 翁君奕. 多变环境中的长盛不衰之道：《老子》永续创造学说解读 [J]. 管理学家：学术版，2009（3）.
❷ 仲林. 古道今梦：中华精神第一义　新精神 [M]. 郑州：大象出版，96, 89.
❸ 鲁枢元. 生态批评的空间 [M]. 上海：华东师范大学出版社，2006.

6.2.2 中国传统创造境界观

老子说："道，可道，非常道。"对"创造之道"的认识也可以分为两个层次：①"可道"（可以言说的层面）；②"非常道"（不可言说的层面）。从创造过程视角来理解"道"，可以分别称为创造方法论层面的技法之道、创造认识论层面的创造规律之道，其层次由具体走向抽象，由有形到无形，逐层升高。而中华文化背景下的创造境界之道，是追求更高层次不可言说的道，可以称为创之道，即创造过程中人所达到的一种极高境界，是指在"技法"和"规律"认识实践的基础上达到的一种更高的价值追求，是真善美的统一，其核心表现是美。创之道是技和规律融合后的归宿，是技指向的目标。由具体的创造到抽象的道，"技"完成了质的飞跃，研技之人也完成了自我超越——体悟了道的境界：心与物的对立消失了，手与心的距离消失了，物我交融，了无分别。

创造之道所引导的是一种和谐发展的一种思路，是对和谐技术观的全面理解和身体力行而达到的一种境界；在中国哲学中，"境界"更具有主观性、精神的特质；它属于主观世界的整体水平。从相对于现实存在世界的角度言，也就是人所选择、创造、设计的可能世界。❶

国学大师冯友兰先生将人生境界划分为4个不同的层次，即自然境界、功利境界、道德境界和天地境界。①自然境界是一种最低层次的人生境界。处于自然境界中的人，其特点是"顺才或顺习底"，即顺"生物学上底性"。人生处于这种境界中的人是一片"混沌"，这样的人虽然也有自己的人生，但人生对他并不具有某种意义。②第二境界为功利境界。功利境界中的人以追求"利"为基本目标，人的行为目的是"索取"。这种求"利"和"索取"都是为个人一己之利，都是"为我"的、自私的。③第三种境界为道德境界，这是一种较高的人生境界。在此种境界中的人，其行为是"行义底"，是以人性的自觉行人道。在道德境界中，人的行为目的是"与"。④第四种境界是天地境界，是人生的最高境界，在此种境界中的人，其行为是"事天"的，以天理的自觉行天道。

---

❶ 方同义. 本体与境界——中国古代哲学主题的理论阐释 [J]. 哲学研究, 1993 (3).

对人生境界的理解，不同的学者看法不尽相同。杨振绪认为：依据人对主客体关系的把握或觉悟程度，人生境界可分为三个阶段或层次。第一层次为主客不分阶段。该阶段相应于人类的童年。此阶段人尚无自我意识，无法区分主体与客体，且多发哲式"天问"。人生境界自然是初级的，也可称为无功利境界。随着时间的推移，实践范围的拓展，人之认识也随之深化，自我意识生成，人生境界便进入了第二层次：主客二分阶段，在此阶段，人以"我"为主，以物为客，物与我之间判别分明，主体总想占有和改变客体，以使客体能为主体所用，这就产生了征服自然，追逐功利之心；因此，主客二分阶段之人生境界，可称为功利境界；不断的追求和思索使人逐渐悟到：人生不仅应有功利的追求，也应有超功利的方面；人生不仅应有积极进取，执着追求的务实精神，还应有浩然胸怀，旷达洒脱的高远境界；认识达到这个程度，人生境界便进入了超主客、忘物我、合天人的第三阶段——高级主客不分阶段，完成了人生境界之升华过程。❶

刘仲林教授借鉴冯先生的四境界说，把人对创造的觉解分为四个境界❷：

（1）自发境界。处在这一境界中的人，对创造过程没有了解和认识，创造的观念尚是一片浑沌。有时也赞叹创造产品，使用创造词汇，但创造并未触动心灵，不了解创造的真谛。有时由于生活需要或环境逼迫，也可能偶尔有一些不自觉的创造行为，但做后，并没有体悟到创造的意义和价值。

（2）初觉境界。这一境界中的人，通过对创造产品的观察体验，认识到创造在现代社会的重要价值和意义，明确到人生发展和社会进步的本质皆在于创造，初步确立了创造观。这是一个巨大的观念转变。由于传统文化消极影响，特别是经学观念束缚，社会接受创造观念非常困难，而反对创造、疑惑创造、忽视创造、压制创造、对创造敬而远之的情况，却较普遍存在。很多人不承认创造的普遍性，认为只是少数领域、少数人的行为。

（3）技法境界。这一境界中的人，觉悟到创造的价值和意义，开始有目的有条理地探求实践创造的规律和方法。无疑，技法对初学创造的人，有重要的引路和开导作用，它使创造过程规范化、理性化、程序化，增强了创造

---

❶ 科技创造与人生境界. [DB/OL]. http://zhwhdx.ustc.edu.cn/jxtd/yxxd/201110/t20111019_122778.html.

❷ 刘仲林. 中国文化与中国创造学 [J]. 天津师范大学学报：社科版，1998 (5).

的可操作性。技法的本质,是从多方式、多角度、多渠道解放被束缚的思维,全面发挥左右脑的功能,以实现创造目标。通过学习和掌握创造技法不仅能提高创造的实践能力,而且可以进一步加深对创造的本质理解,增强创造的自觉性。创造是不能重复的,就其本质而言,绝不会有固定不变的技法。技法仅有打破习惯思维束缚、开阔思路的作用,并不能保证创造成功。因此,创造学不能仅止于技法境界层次。

(4)道的境界。掌握创造之道,是创造学的最高追求。一方面是"无法而法",将数百种技法熔为一炉,合而为一,达到无法而法的高度,不凭借任何技法,而能进行"从心所欲,不逾矩"的自由创造,这就是道的境界;另一方面是"天人合一",体现出的相关创造过程中的各种要素之间关系的和谐,这里包括创造主体、工具和客体对象之间的和谐,创造主体身与心之间的和谐,创造过程中人与人的社会关系的和谐以及创造活动与生态环境的和谐,等等。

根据冯友兰、杨振绪的人生境界说和刘仲林的创造觉解四境界的划分,西方创造主体境界的追求属于主客分离的、是创造技法为手段,以实用为目的功利境界,这是一种小我境界。而中国传统的创造境界追求则是超越了功利境界,将创造境界追求由小我提升为忘我,由个人本位提升到社会本位,并最终升华为宇宙本位,追求天人合一的天地境界,那就是创造之道。这个道的境界主要是一种美,它是一种对创造人生的觉悟,这种觉悟通过美感的方式体现出来,这个美当中包含着真,包含着善,真善美的一种结合,蕴含着为提高人类美学价值而投入创造过程的高尚情操。当然,没有对功利的淡化,物役的摒弃,也就无幸悟得超越物我的一体的审美感受,也就无法神会到"物我创造于一体"的境界。

6.3 "IFR"与"道":创造价值向度上的天人共轭

"天人共轭"是刘仲林教授提出的一个词。"轭"的本义是牛、马等拉东西时架在颈部的套具。"共轭"则表示两个(或两个以上)的轭并排使用,以使两头(或两头以上)牛能够协同前行。现在,"共轭"是一个自然科学名词，主要指按照一定规律相配的一对，通俗地说类似孪生现象。例如：共轭复数是指实数部分相同而虚数部分互为相反的两个复数。❶ "IFR"与"道"在创造价值向度上的天人共轭是指天道（对外在自然的创造）与人道（人类内在的创造）相呼应，共同构成广义的创造观，并由此形成现代之"创之道"。IFR与道在行上层面上虽然都是创造过程的价值，但两者在行下层面，如创造价值的表现形式、追求方式、追求最终目标、主体和客体的地位等方面都有着重大的不同，这类似于共轭复数中实数部分相同而虚数部分互为相反数。❷

6.3.1 "道"与"IFR"的差异分析

"道"与"IFR"作为东西方文化背景下创造过程的价值追求，两种价值观之间存在一些根本区别，主要表现为：

（1）内修与外治。

中国传统哲学中的"道"是一个知情意相贯通的实践境界；而"IFR"是创造实践的外在追求，是一种理性的选择，与"情""意"关系不大。

道：是对创造的整体把握而在实践中达到的一种境界，这种境界既饱含创造活动主体与客体之间的"物我两忘""物我合一"的主体内心体验和感受，还包含了技术与社会、技术与自然之间的和谐，需要一种主体与客体之间内在的活动。IFR技术创新境界是对技术发展的外在的追求，强调对天道，即技术系统进化客观规律，虽提出了创造主体对客体的愿望和需求，但缺乏人的内在的觉悟。

（2）天辅人主与天主人辅。

西方创造观更多地关注人与外部世界的关系，人如何认识外部客观规律，改造外部世界，以实现自己的价值。而中国创造观更多的注重人的内部世界诸因素的关系：人如何调整好内部诸因素的关系，以实现自身的价值。换句话说，西方哲学更多的是外向的，天主人辅；中国创造追求更多的是内向的，

---

❶ 刘仲林. 孟子"反身而诚"儒家意蕴与现代新释——论"诚"演进的四大阶梯 [A]. 孟子思想与当代文化建设，全国孟子思想研讨论文集，2012：47.

❷ 刘仲林. 孟子"反身而诚"儒家意蕴与现代新释——论"诚"演进的四大阶梯 [A]. 孟子思想与当代文化建设，全国孟子思想研讨论文集，2012：47.

天辅人主。

(3) 成己与成物。

技术创新之"IFR":关注于提高创造对象的有用目的和增强有用功能,强调技术层面的以功利为目的的造物层面的创造,重视创造过程中的物质和手段,即是以追求最经济、最有效率的行为和结果,以成物为最终目的。"成物"目标,有利于促进新技术、新产品和新服务的出现,促进社会物质文明的发展,却忽视了人的发展,这正如法国著名哲学家让—弗朗索瓦·利奥塔所指出的,"技术不属于与真善相关的一种游戏,而属于与效率相关的一种游戏;当一个技术活动比另一个做得更好并且(或者)消耗更少的能量时,它就是'好的'"。从利奥塔的论述来看,现代技术创新仅指向了"利润"与"效率",忽视价值理性,并走向了工具理性过度膨胀的不归路。❶

创造之"道",是在"成物"的基础上更加关注"成己"。表现在:第一,创造过程中追求的是人与工具的和谐、人自身身心的和谐、技术创新中人际关系的和谐、技术创新与社会的和谐、技术创新与自然的和谐;第二追求创造过程中主客体和谐时表现出来的高峰体验,就是剧烈的同一性体验。马斯洛指出,"这种体验是瞬间产生的,压倒一切的敬畏情绪,也可能是转瞬即逝的极度强烈的幸福感,或甚至是欣喜若狂、如痴如醉、欢乐至极的感觉。处于高峰体验状态的人,能够看到人或物的整体,这些都是创造性的源泉和必要条件,因而处于高峰体验的人往往能够自发的表现出强大的创造性来。"在中国文化中,这种高峰体验就是一种"成己"时的体验,是感悟到主客交遇,天人合一时的境界。在这里,"人的意义""自然的感受""终极关怀"得以体现,而不是以功利为最终目的。

二者相比:"IFR",缺乏主体的参与,没能体现出人自身身心的和谐、技术创新中人际关系的和谐。相对而言,中国传统文化背景下的"道"缺乏对技术系统本身的知识性的认识,即以"道"为核心的东方技术境界观,虽强调"道法自然",但是缺乏对技术内在的自然规律性的追问。由此可见,从创造的成物,成己两方面来说,只有真正做到成物,成己两方面,才能真正把创造融入人生。

---

❶ 易显飞,黎昔柒. 技术创新价值取向的后现代诠释 [J]. 科学技术哲学研究,2010,27 (4).

(4) 现实与理想。

中国传统哲学思想，是现实的，就是可以踏及的"用脚踏着地"；而西方传统哲学思想，是理想的，无法直至的"用手指向天"。同样，较之西方创造价值论而言，中国传统的创造价值追求不是理想的，而是极其自然和不无现实的。那么中国传统从"道"出发最终走向以生活为中心的"行为主义"，不是对一种极其逼真的理想的表象的追求。道是客观存在的，但它由操作者、工具和对象等相关技术要素的自然本性共同决定的。目的在于使认为设定的途径和方法逐步转化为合乎事物本性的途径和方法，以至于能够达到天人合一的程度。❶ 道在尔，可悟可得；而 IFR 本身是理想化的，是实际不存在的，指向的是一个虚拟的客观物质世界，不停息的创造过程可以让客体不断逼近这个目标。

(5) 体悟与分析。

作为创造境界的道是对创造过程的整体体悟，反映在中国传统主体思维，是一种反思型的内向追求，即收回到主体自身，通过自我反思获得人生和世界的意义，自然界并不是作为认识的对象而存在，而是转化为的人的内部存在，强调内省。这是需要领悟的，是意会而难以言传的，不能靠主客二分的对象化研究和逻辑分析加以把握，必须依赖创造主体的亲身体悟；而由分析发展出的西方创造境界 IFR，则是外求于物，外求于理，把人与自然、主体与客体对立起来去认识自然界并认识人自身的，它所提倡的人的主体性是以改造和征服自然为特征，更多的是以分析的、批判的精神，对世界、对社会进行理性认识。

道是一种超越的形上境界，是只可意会，不可言传的，其终极意义在于超越感性自我，实现主客体的内外统一，达到天人合一的境界，其目的不是在于客观事物的性质，而是在于获得事物（包括人生）的"意义"。"IFR"则是以分析为出发点，导致其主流思维是一种对象性思维，强调人的主体性，追求对自然和社会的分析、理解、征服。

---

❶ 王前. "道" "技" 之间——中国文化背景的技术哲学 [M]. 北京：人民出版社，2009：11-13.

6.3.2 "道"与"IFR"的共通与融合

中西创造境界观各有一套独特的概念与范畴体系,差异很大,但决非没有任何真正的交切点。有一个基本而重要的概念却是双方共有的,这就是"行",也就是"实践"。中西创造观都用此概念来揭示人类的有目的的活动,"行为"或者"实践"正是创造哲学的核心概念。

老子讲:"道生之,德蓄之,物成之,势成之。"其意是说,"道"之所用就在于利用事物按照自然本性发展的态势,以尽可能少的投入实现尽可能多的收益,获得最优的效果。❶ 这点与 IFR 的思想是完全不谋而合的。

6.4 天人合一:两种创造价值观融合

对 IFR 与道的差异比较与分析不是为了比较而比较,而是为了交融与贯通,借用哈贝马斯的话,就是实现"互为主观"。中国传统创造价值追求偏重于人道,而 IFR 的境界追求侧重于天道。现代创之道最终追求是人道与天道的融合,使人道与无为而无所不为的天道率性自然地水乳交融,使人之生命如海德格尔所言,诗意地栖居这个世界中。理解天道与人道融合、实现价值意义上的"天人合一"的过程,是一个对世界和自己的认识不断深入、天人价值合一的创造过程。从总体上说,这一过程也就是一个"以得自现实之道还治现实之身"的过程,"以得自认识过程之道还治认识过程之身"的过程。❷

6.4.1 天道与人道的融合

老子强调"道法自然"的观点。法自然即为顺应自然。在道家来看,要想达到"道"的境界,操作过程既要顺应操作者的自然本性,又要符合工具自然本性,还要合乎技术对象自然本性的操作途径和方法。但实际中,由于

---

❶ 王前. "道""技"之间——中国文化背景的技术哲学 [M]. 北京:人民出版社,2009:11-13.
❷ 王新建,彭漪涟. 中国哲学·天道与人道关系难题的现代解读——简论张岱年和冯契的天人合一观 [J]. 哲学研究,2008 (9).

| 创 | 造 | 过 | 程 | 哲 | 学 |

人为设定了各种价值条框和利益驱动，使人丧失了原来的自然本性，无法与自然相协调。只有打破这些加在人身上的价值藩篱，解放人性，使其重新复归于自然，才能达到一种"万物与我为一"的精神境界。这种境界所达到的恰恰是物质与经济效益之外的自由与真实。

创造之"人"其实是一个在自我和生态意义上实现创造的人，这类人"进德修业"以达到"崇德广业"，从而实现自己的生命价值和自然价值。同时这样的人讲究"盛德"，天人和德。"德"不仅仅是自己个人的"德"，而且应该惠及自然中的万物，他们把自己的"德"当作自然中整体"德"的一个有机组成部分，以求达到"天人合一"，实现人与自然界的和谐相处。

儒家向来主张"天人合一"，认为人性本于天道，人性的完美要体现在"成己"又"成物"的过程之中。《中庸》曰："中也者，天下之大本也。和也者，天下之达道也。至中和，天地位焉，万物育焉。""唯天下至诚，为能尽其性；能尽其性，则能尽人之性；能尽人之性，则能尽物之性；能尽物之性，则可以赞天地之化育；可以赞天地之化育，则可以与天地参矣。"按照《中庸》的说法，"成物"的最高境界是"赞天地之化育"，也就是帮助自然万物健康活泼地发展。

张岱年先生提出打通天人关系的新的"天人合一"观，他指出，张载与二程是中国传统哲学中"天人合一观"的集大成者，他们的思想可归纳为四个命题：第一，人是自然界的一部分；第二，自然界有普遍规律，人也要服从这普遍规律；第三，人性即是天道，道德原则和自然规律是一致的；第四，人生理想是天人的调谐。❶张岱年先生进一步指出，上述前两个命题基本正确，第三个命题是错误，第四个命题蕴涵着重要的意义。在此基础上，他又提出了三个直接关涉如何公正评价这四个命题的问题：①自然界和人类精神有没有统一性；②自然规律与道德原则的关系如何；③人类应如何对待自然界？

中国传统创造价值观是一种朴素的生态创造观，是古代生态伦理文明的伟大智慧，它强调尊重自然规律，强调创造的整体生态价值，对于我们今天的创造也是富有启发意义的学说，值得创造哲学家深入思考并做出回答。创

---

❶ 张岱年.《张岱年全集》第 5 卷. 石家庄：河北人民出版社，1996：610-615.

造价值追求应从自然的整体性而并非从人的单边性出发,如果人的创造性本源异化为自然本性的对立面,必然会造成对本性的损害,带来违反自然规律的后果。现代技术发展与生态环境的矛盾更是人所共知的。由于大量消耗非再生资源和能源,大量的用人工因素取代自然因素,使得环境污染一度达到了极为严重的程度。现代技术的迅速发展也带来了严重的社会问题,克隆技术、转基因生物、纳米材料、网络技术、电子技术等领域都引发了人们伦理观念的冲突,技术工作者的社会责任和道义责任问题也日益凸显出来。技术的不顾一切的迅猛发展,不可避免地导致伦理、法律和社会管理的约束机制明显滞后。面临各种技术后果,许多学者从不同角度反思现代技术的本质和后果,譬如反思现代技术对自然的挑战和种种过分要求,主张对技术进行控制,提倡追求"人性化的技术"等,"形而上者谓之道",但这些反思大都缺乏"由技艺而臻于道境"的这种更为根本的"形上"视角。强调道是技艺的最高境界,强调技术创新由"术"的层面向"道"的境界提升,在价值层面上,恰恰注重的就是技术创新各要素的整体性与和谐性,即技术系统内部各要素之间以及技术系统与外在各级超系统之间的整体上的协调发展与进步。换言之,技术系统只有在道的引导下才能成为真正有效的系统,使相关的各要素发生整体上的互动作用。失去了道的引导,技术系统就会处于各要素彼此不协调的混乱状态,就会各行其是,出现不择手段的技术用,出现技术异化。❶

在创造实践过程中,追求技之上的道,只有将天道与人道统一起来,实现理想解(天道)与人道两种境界的会通,将形而上与形而下结合起来,上遂于道,下贯于创,和内外之道,则天地有道,则人间有德,科技与人文便不再冲突,能不同而和,和而不同地相处。从这个意义上讲,和谐是根本的规律和最终的目标。自然本身是和谐的,价值层面的"道法自然"就是"道"以和谐作为自己存在的根本形式。人作为整个技术实践活动的主体,是实现天道和人道两种境界统一的切入点,这种统一不仅是中西两种技术哲学观的统一,也是技术与人文的高度统一过程。

---

❶ 王前."由技至道"——中国传统的技术哲学理念[J].哲学研究,2005(12).

```
           道(体悟)
创造实践 ——————————— 境界
       IFR（逻辑分析）
```

TRIZ 实现创新的最高境界（最终理想解）与中华文化背景下的创造最高境界（道）的融和，是天道与人道的融合，是"为我"与"超我"融合，是通达天地万物的本性，进入"天地与我并生，而万物与我为一"的境界，从而得到一种价值上的提升。此时，"我"就是天地万物，天地万物就是"我"，"我"与世界之间是一种直接的体验关系，或者说是自然本身对自己的一种观照，而绝不是主体和客体之间的利害冲突关系。站在"道"的高度来看待世界，把归于自然当作最终的价值取向，正是客观自然和精神自由的统一性的体现。

6.4.2 创造实践的至高追求：真善美的统一

"天人合一"和"天人相通"的思想在我国传统文化中占有突出的地位。"天"和"人"的含义十分复杂多样，我们取其中一种：当"天"作为世界本身或世界的本然逻辑（天命、天道、自然），而"人"作为伦理道德等人世价值的承载者（人为、人欲、人谋）时，天人之间的合一和相通就还意味着真与善的统一。马克思认为，真善美内在地统一于人类实践的基础上。而人类的创造活动作为特殊的实践形式，必然蕴含着真善美的要义，并遵循着真善美的价值取向，指导科技创新活动的发展。❶ 创造实践过程中认识价值、道德价值和审美价值的一致性，反映了真善美的统一，真、善、美都永远在创新之中。真，是对于创造客体世界的正确认识，创新即要不断有新的认识，发现新的真理；善，是创造过程中解决各种矛盾的准则，人类生活中新的矛盾不断出现，也就要不断提出解决矛盾的新途径和新方法、提出新的、善的理想；美，一方面包含了外在的创造成果存在状态的丰富多样性，另一方面蕴含了创造过程中主客体统一下主体内在的美的心境与感受，新的事物层出不穷，美的

---

❶ 赵悦悦，周彬. 科技创新的真善美价值取向解析 [J]. 安徽农业大学学报：社会科学版，2008，17（5）.

境界也不断提高。只有认识规律的真、追求实践的善、提高境界的美，三者共举，效果相乘才能够达至创造之道，创造之道＝［真］×［善］×［美］。

真善美的统一性在于它们间是相互联系的，有着内在的统一性。离开了真就谈不上善和美；不善，往往也达不到真和美；没有美，真和善就不完全。❶ 真善美都是主客体相统一的境界，但有层次上和侧重点的不同，真侧重于思维内容的客观，善侧重于行为价值的进步性，美则是在真和善的基础上更侧重于人的精神的超越和自由性。真善美的统一既是全人类全部价值目标的高度统一，又是真理与价值的高度统一，意味着人类的实践和认识从不然达到自由。❷

真善美是创造过程的内在价值的统一，三者不可割裂。真，是创造的内容达到了对客观事物及其客观规律的正确认识和反映；善，创造过程中的善，不仅是伦理学意义上的善，具体到人类创造行为，善，反映出人与世界的价值关系，表现为主体对创造成果的评价，以及应用创造成果的价值以造福于人类。"善"作为最高的道德标准，不仅是创造的目的所在，更是创造的价值体现，指创造成果的应用价值；美，既是主体对于美的感觉或体会，又是对美的本质追寻。是一种和谐与愉悦，是创造过程中主体与客体相协调、和谐、无差别的境界。创造过程中达"至真、至善、至美"，也就达到了创造的最高境界。

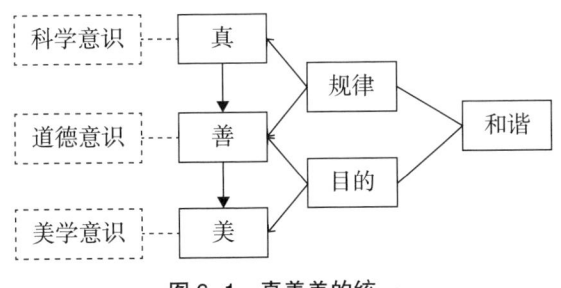

图 6-1 真善美的统一

恩田彰把创造过程中人们对"真、善、美"的追求割裂开来，并以此来

---

❶ 刘大春等. 在真与善之间——科技时代的伦理问题与道德抉择［M］. 北京：中国社会科学出版社，2000：148，149.

❷ 李秀林，王于，李淮春. 辩证唯物主义和历史唯物主义原理［M］. 5版. 北京：中国人民大学出版社，2004.

划分不同类型的创造，提出科学创造是以"追求真理"，也即"以发现某种新事物、新观点"，或"以获得知识为目的"，此属于"真"；技术创造则"以造成对人类有益的事物"或"有益的发明为目标"，也即"用人类的智慧创造出有价值的东西"，则属于"善"；而艺术创造则是"寻找和搜索美"或是"以追求美为目标"，自当属于"美"的范畴。❶ 这种分类形式虽颇有创意，但也有失偏颇。原因在于工具理性与价值理性分离，割裂了真、善、美三者之间不可分割的紧密联系。实际上，任何创造活动都遵循求真、向善、臻美和谐统一的原则，这是创造活动的外在要求，也是创造过程的内在需要。人类在创造性活动中，既要追求"真"的目标，使自己的活动"合乎规律性"，也要追求善的价值，使自己的活动"合乎目的性"。"合规律性"的真与"合目的性"的善的统一中，就会把世界变成人所最终追求的一种美的和谐，这就是马克思所说的"人也按照美的规律来塑造"。

6.4.3 创造成果的价值判断：新与和的存在

创造过程的价值追求和判定也反映在对创造成果的评价标准上。要对创造性成果进行评价，首先需要确立一套被认可的标准。创造性成果的评价根复杂，这一标准很难确定。比兹曼和特里芬格对此做过专门研究，他们在1981年曾发表过一篇极好的综述文章，覆盖90多篇文章，提出了125个参考标准。他们在总结上述思想并考察其内在相关性的基础上建立了CPAM（创造性成果分析矩阵）模型。该模型包括三大类和11个子类。列简表如下。❷

表 6-1　创造性成果评价标准

	类　别		
	新颖性	问题可求解性	精确和综合性
标准	独创的 惊奇的 萌芽态的	有价值的 合理的 有用的	有组织的 精致的、复杂的 可理解的、精巧制作的

---

❶ 恩田彰. 创造性心理学：创造的理论和方法 [M]. 陆祖昆，译. 河北人民出版社，2000.
❷ 仲林. 古道今梦：中华精神第一义　新精神 [M]. 郑州：大象出版，96，89.

西方创造文化对创造成果的评判取向是"崇新",中国传统文化对事物的评判取向是"兼和",但对"新"认识不够。现代中国却从一个极端又走向了另一极端,"新"和"实用性"似乎也成为创造成果唯一的追求,"和"则明显地被排除在外。国内对创造成果的价值评判标准,从中国专利申请应该具备的"三性"标准就可得以看出。《中华人民共和国专利法》规定:授予专利权的发明创造,必须具备新颖性、实用性和创造性。

新颖性是获得专利权的首要条件,指申请专利的发明或实用新型是新的、不属于现有技术、前所未有的、未被公用和公知的,在申请日以前也没有任何单位或者个人就同样的发明或者实用新型向国务院专利行政部门提出过申请。实用性,是指该发明或者实用新型能够解决相关的技术问题,能够制造或者使用,并在经济上能够产生积极的和有益的效果,即同现有的技术相比,申请专利的发明或实用新型能够产生更好的经济效益或社会效益。创造性,是指与现有技术相比,具有突出的实质性特点和显著的进步。三性当中,创造性的提出比较晚,晚于前两项。总体上所强调的成果的价值则是指人们的思维、技术或产品对人们来说是有用的,能给人类或个人带来利益。

在"新"这一理念的主导下,新技术革命汹涌地冲击着各个领域,新方法、新材料、新技术、新设备咄咄逼人,令人目不暇接。这种片面追求创造物的价值,把外在于人的创造物的价值理解成人的创造活动的目的与追求,就必然会把人与人的创造物对立起来,甚至人被创造物所统治。事实上,单单靠科学技术上的新与实用性的创造成果是不能解决人类一切领域里的不幸和苦恼的,甚至可能给世界上的生活增加潜在的危险。同时,关于创造性的理论中,大多数学者们对创造成果的关注仍只是停留在现象的范围内创造成果所具有的一般特点:新颖独特的、前所未有的和有高度社会价值的。认为有价值只限于有社会经济价值,以能否有利于社会、能否推动社会进步作为标准,而忽视了个人的价值标准。这有悖于创造性本身的规定性,[1]也助长了急功近利者不问后果的及时享受的情绪,派生出装饰美丽而内涵丑陋的短视眼光和短期效益追求,吞噬着人类整体生存智慧和生存利益的良知,诸如不计严重生态破坏的掠夺式和毁弃式的行径,对人类文明赖以发展的基地肆意

---

[1] 王炳德. 创造、创造性和创造力论析 [J]. 社会科学辑刊, 2003 (3).

玷污。

刘仲林教授在《中国创造学概论》中对"创造"从成果层面定义为：创造是赋予新而和的存在（成果）。即认为，衡量创造成果有两个主要的标准：一是新奇性；一是适当性（和谐性），二者缺一不可。重复性生产的东西，没有新奇性，不能称为创造；机械式的拼盘和胡乱拼凑的东西，没有和谐性，也不能称为创造。"新"与"和"创造成果的两个标准，反映了"创造"的核心要素和评判标准，恰恰与"日新""兼和"的思想有着微妙的联系。

"兼和"是张岱年先生根据唯物辩证法的根本精神，吸取中国传统哲学的精华而创立的一个哲学范畴，其作用和价值意义就在于"富有日新而一以贯之"。他将"兼和"范畴简明地界定为"兼赅众异而得其平衡"。他认为："因生生而日新，惟日新而后能经常得其平衡。""兼和"范畴的创造性、多样性、统一性特征主要体现在"生生""日新"义上。从一定意义上说，"创造"可以理解成"日新"与"兼和"的融会贯通，即：创造=（日新·兼和）。❶

"兼和"不是简单的"和"，而是将诸多的矛盾对立面融会于一体，使其处于平衡状态之中，从而产生一个新的统一体。"和"指多样性的统一，实为创造性的一个根本原则。❷"和实生物"是中国最早从哲学的高度阐释和谐思想的命题。它所揭示的不仅是世界的状态，更重要的是蕴含着人类发挥自身的主体能动性、创造和谐的辩证过程。"和"表示多样性乃至相对立或相反对的事物之间的结合、协调、整合，以及在此基础上产生新事物。"天地之道而美于和"，"和"这个含有丰富的哲学思想与美学意义的理念，不仅是构筑"天人之和""社会之和""人际之和"及"身心之和"的密钥，亦是古今人类造物的理想追求。对于创造而言，各方面的事物，都是以不同的材料、成分整合创造而成；不同的材料、成分各有其特有的性质，它们或相异，或相对，或相反。而这种整合创造活动，实即是在充分把握各种相异、相对甚至相反的性质的前提下，发挥主体能动创造性，对材料进行增益或减损，使之生成符合人的生理需要、社会需要、审美需要的新事物。可见，这里的"和"是一个整合——是创造过程中的核心。它不仅仅在于说明"天道"这一客观

---

❶ 刘仲林. 中国哲学与文化创新之源——张岱年"综合创新论"钩玄[J]. 天津师范大学学报，2011（1）.

❷ 刘鄂培. 综合创新——张岱年先生学记[C]. 北京：清华大学出版社，2002.

状态，更重要的是它还说明了人的主体能动性在创造和谐过程中的关键作用，亦即"人道"。

从过程论的角度看，"和"本身就是一个容纳、选择、整合与创造的过程，可以分为三个阶段或步骤来理解。第一阶段，要实现"和"，就必须要容纳事物存在的多样性，不忽视、摒弃其他任何事物。在认识和改造事物的过程中也必须尽可能全面地、整体地把握事物。第二个阶段是遵循和运用客观规律，充分发挥主体的能动性和创造性，从现有的事物和条件中进行选择，利用所选择的事物和条件进行，进行能动的创造。这是整个创造过程和谐的核心。在第一个阶段，要求人看到一切事物有必然性的一面，不要随便忽视和舍弃任何事物，而要有容纳百川的眼光和胸怀，尽可能追求、达到全面性，因多样性统一才有新事物的产生；而在这一阶段，则需要发挥主体的能动性，从众多的现存事物、材料和条件中进行拣择，并对之加以整合、创造，促使新的事物或事物新质的出现。这里，第二个阶段与前一个阶段并不矛盾，因为，如果没有容纳万物的第一阶段，第二阶段所能选择的范围和对象就会受到局限，而所做的选择就很可能会失去客观性，出现偏颇、片面性，从而不能顺应事物发展的大方向、大潮流。也只有在第一个阶段的基础上，人对客观事物的认识才能够尽可能达到全面，在此基础上所做的选择才有可能不出现偏差，才有可能真正符合事物发展的大方向。可见，容纳万物的目的并不是来者不拒、多多益善，而是为了更好地做出选择，为了做出符合事物发展方向、顺应时代潮流的选择，而选择要以全面性、整体性为前提，要尽可能容纳万物，如此才有可能把握事物的发展方向，从而做出正确的、符合历史潮流的选择和创造。第三个阶段是新事物的出现，即"生"，这是人的整个创造活动的目标和结果，也是前两个阶段的必然结果。由于新事物的出现，一方面满足了人的需要，使人因需要的满足而心情平和，表现为自我身心内外的和谐状态；而自我和谐是社会和谐的基础，社会和谐也必然要求自我和谐。另一方面，新事物含有区别于旧事物的新质，其本身表现出焕然一新、生机勃发的和谐状态。这样的能动性的创造活动一旦作用于鱼肉时，鱼肉便会成为美味；作用于杂乱的意见，意见便能化为了真理的一部分；作用于多种简单的音调，音调便因此而能组合成动听的和乐。可以推想，这样的能动创造活动如若作用于整个社会，那么整个纷繁复杂的社会将有望成为公平正义、

诚信友爱、安定有序、充满活力的和谐杜会。❶

对于创造过程而言,"和"既是创新设计的价值衡量标准,又是构成创造成果的最高形式;"和"还是一种创造思想意识,包括科学意识、道德意识和审美意识,一种潜在的规则。其内在蕴含有对人类本心的召唤、对社会道德的诉求和对伦理关系的关照,也凝聚着真善美。创造成果要真正地成为人类的福音,进化的动力,文明的基因,还需要由人类的求新、求美、求和谐、求公正的社会伦理意识和崇高的审美意识作为渡桥,从而使之转化为利他向上,有助于造福自然、人类和社会的。

---

❶ 欧日成. 创造和谐的辩证过程:"和实生物"的重要内蕴 [J]. 韶关学院学报·社会科学, 2007 (5).

第 7 章 创造过程中价值论、认识论、方法论的有效互动

传统创造理论一方面在认识论层面对进化规律的执着似乎走向了探索事实绝对化的不归路,而另一方面对价值论的过分偏重又使人们几近堕入实体虚无主义的深渊。创造认识论与价值选择相割裂的做法,是导致当前创新成果应用出现危害人类生存的后果的主要根源。要寻求解决问题的方法,必须跳出原先那种非此即彼的两极思维模式,对技术创新进行哲学反思,实现技术创新认识论、方法论与价值论三者之间有效互动,对技术创新主体的技术创新活动进行正确合理的价值引导,才可能真正实现技术活动的价值论目标。

7.1 创造价值论研究存在的问题

7.1.1 价值论、认识论、方法论的关系

价值论是指一个人对周围的客观事物(包括人、事、物)的意义和作用的总评价和根本看法。一方面表现为价值取向、价值追求,凝结为一定的价值目标;另一方面表现为价值尺度和准则,成为人们判断事物有无价值及价值大小的标准。❶

认识论是以揭示人类认识的本质、认识与客观存在的关系为己任,探讨

---

❶ 价值观认识论方法论三者关系 [DB/OL]. http://blog.sina.com.cn/s/blog_ 57f79b6d01017xzi.html.

认识发生的基础与前提,认识产生、发展的过程及其客观规律,认识的客观标准等问题的哲学理论。

方法论,关于认识世界、改造世界的一般方法及其实现途径的理论,也是技术的一般思路。是人们用什么样的方式、方法来观察事物和处理问题。从创造的认识论与方法论的关系来说,方法论的研究必定以其认识思考为根本或其理论基础。

认识论所要解决的是作为创造主体对认识对象的认识何以可能,认识的内容存在的局限性。而如何评价主体与客体的这种认识与被认识的关系则是价值论所要关注的核心,即当人们以其内在固有的价值尺度去处理和协调人与世界的相互关系时,价值论问题就产生了。因此,价值论和认识论二者之间是不可分割的。人类的价值评判更不能脱离人类的认识活动这个基本前提,可以说,脱离了认识论的价值论就会成为无源之水、无根之木。因为价值判断的对象恰恰就是人类认识对象的活动本身,认识活动是价值追求与价值评判实现的前提,而价值评断又是对认识活动的一种促进与约束。

价值论应包括在认识论中,是认识内容中的一种,而认识论又是与方法论相联系,所以三者是"三位一体"的关系。创造的方法论也总是和价值论联系在一起的,不同的方法论与不同的价值论相对应。信奉不同价值论原则的人,考察问题的角度各有不同,因而对方法的选择和运用就会表现出一定的甚至极大的差异性。创造过程也是认识深化的过程,人类获取创造成果的过程,实际上也是对客观世界的认识逐步深化的过程,人们以不同的价值观念为指引去认识和改造世界,实践中在价值观的指导下不断升华对客观世界的认识,形成新的价值观念,并通过创造深化的认识反过来又进一步指导新的实践,促使产生更多的创造成果,体现出创造力的能动性特征。

价值论与认识论、方法论的互动关系是创造过程中的亟待解决的根本问题。因此,以创造过程中的这些普遍性的哲学问题为线索,揭示影响和制约技术创新活动的根本问题,不仅使创造过程研究更加深入,还可以为创造实践提供认识论基础和方法论指导。

7.1.2 价值论研究中存在的问题

追溯人类创造实践的价值观念的演化轨迹,发现创新实践的价值观念经历了从农业社会的"自然主义",到工业社会从主体利益和需要出发形成的"主体主义"创新价值观念,再到以人为本、注重和谐的"绿色生态主义"的转向过程。整个过程创新价值由简单化、技术化、工具化,逐渐拓展其人文向度,向着人性化、生态化的价值维度发展,体现了创新价值观念的不断升华。尤其是20世纪以来,关于创造价值论很多思想家提出了"生态伦理学""环境伦理学""技术伦理学"等,主张以"天""人"的同步和谐来处理人与它们的适应关系,企图也建立一种亲情。但是反观已经取得的研究成果,似乎更多的在于一种呐喊和呼吁。关于创造价值论的研究仍然存在如下问题:

(1) 创新过程之外以及创新过程之后谈论创新价值,是为了价值而谈价值,表现出一种形式主义的价值观。

(2) 现今技术创新哲学的研究成果:技术创新哲学价值论、认识论等研究还处于"碎片化"状态,缺乏系统的融合与有效互动,创造过程中各主体之间存在着零碎孱弱的价值观。

(3) 人们更多的是从"方法"和"技法"的角度去关注创造过程,即"怎么样"去进行创造活动,而对于"为什么"的问题,已经视而不见;关注于"怎么样",表面上是增强了人进行创造实践的信心,但根本的问题恰恰是渗透于人创造活动中的"意义"丧失了;因此,人们开展每一项活动,总是要考虑从中得到什么样的实际效用[1]。

(4) 创造价值始终存在于创造实践之中,传统创造价值理论与实践的距离较远,在对实践的指导性方面也明显力不从心,呈现出弱指导性。

技术创新主体在技术创新实践中所采取的手段、方式、方法缺乏价值标准的引导时,就会产生创新的价值困境。创新价值困境体现了创新主体对价值的扬弃及对价值诉求的缺失,包括生态价值的缺失、人文价值匮乏等,随着价值的缺失,价值困境在现实中的问题就越来越突出,例如:人口膨胀、资源浪费、环境污染、技术异化等问题。

---

[1] 舒志定. 创造活动论 [M]. 长春:吉林人民出版社,2003:171-173.

7.2 价值论、方法论、认识论由碎片化走向融合

关于创造的研究，曾先后出现了从方法论到认识论的转向，认识论向价值论的转向，不论是哪一种转向，都是把价值论和认识论分开来研究，好像两者之间存在一种不可调和的对立性。创造过程理论本身就蕴含着方法论、认识论和价值论性质，这三种性质是连续统一、相互联系、相互依托的，在这个连续统一体中，"方法"是应用，"认识"是基础，"价值"是核心。而且三个层次之间均存在着相互调节和相互辩护的复杂过程，构成了一个相互联系、相互影响的网络结构。

7.2.1 解蔽创新过程黑箱，走向认识论与价值论融合

创造认识论是研究创造认识的发生、发展及其客观规律；创造价值论研究创造的价值标准、价值判断和价值取向等问题。对于当今技术哲学研究的核心问题，哲学家有不同的理解。而皮特坚持认为，"技术哲学的首要问题是认识论"。他认为只有从认识论问题着手研究，技术哲学才可能容身于主流哲学讨论之中。陈昌曙和远德玉先生则认为，技术与科学相比，具有更直接、更鲜明、更强烈的价值性，鉴于此，应当把技术的价值论作为技术哲学研究的核心问题。[1]而分析现今技术创新哲学的研究成果，可以看出，一方面集中在技术创新的价值哲学分析和方法论的探讨，缺乏对技术创新过程的认识论的追问，技术创新过程依旧处于"黑箱"状态；另一方面技术创新哲学关于伦理、价值论、认识论等研究还处于"碎片化"状态，缺乏系统的融合与有效互动。

事实上，反思技术发展及其后果，无论我们如何一般性地批评技术，无论是社会的、伦理的、抑或是生态的批判，若不从认识论与价值论的互动关系出发，在技术创新实践过程初期就反思技术创新价值观，技术的批判研究就难以产生具体实效，就难以切实地作用于技术实践。例如，在过去的创新

---

[1] 夏保华. 技术哲学研究之我见 [J]. 哲学研究，2004（10）.

实践中，由于伦理、价值取向的忽视，创新主体往往初始只在乎技术创新的正面效应，等到技术创新的负面影危害严重时，才对其进行制约，但到这时已经为时已晚。20世纪以来的各种技术危机现象，以及"先破坏，后保护""先污染，后治理"之类的滞后对策，都是创造过程中认识论与价值论脱节的表现。同时，从技术控制问题而言，科林格里奇困境（Collingridge dilemma）表明：试图控制技术是困难的，而且几乎不可能。因为在技术发展的早期，当可以控制时，我们没有足够的关于其可能的有害社会后果的信息来提供对其发展进行控制的依据；当技术的后果变得明显时，该技术往往已经广泛扩散和被使用，占领了生产与市场，对其控制将需要很高的代价而且进展缓慢。❶这一困境启示我们：当技术处于开发阶段和没有获得稳固形式时对其进行塑造能实现更加有效的控制效果。因此，对技术控制问题，如同样要取得切实的效果，就不能不追索到技术创新实践过程中的认识论思想根源。以认识论与价值论的融合为指导来研究技术创新实践过程，对于技术的控制问题研究也具有特别突出的现实意义。

7.2.2 创造价值论从形上的超越走向形下的创造实践过程

创新过程本身是蕴含着价值取向的实践活动，而价值观在人类行为中起先导作用。作为技术创新实践活动的主体，如果能够增加创造过程中创造价值观对认识论和方法论的引导，增加可预见性，就有利于更好实现创造价值。价值问题的核心和难题，都是与人所面临的价值冲突和价值选择息息相关的。研究创造过程价值问题的目的是为了形成引导未来行为的可接受的、被称为是理性的价值判断。

价值是触发创造过程的酶，因为对创造价值的追求常常引发创造的动力。同时，在创新实践过程中，它又不失激发和引导的作用。在"形而下"的实践中强调创造价值追求，是强调创造价值的工具性作用，这样，就不会使我们在强调价值的同时，陷入急功近利或只求表面价值、直观价值的"价值陷阱"，有助于我们摆脱忽视内在价值、长远价值、潜在价值的"价值误区"，使创造过程中的"客观与主观手段与目标、科学方法与人文精神"等方面能

---

❶ 李世超. 论技术复杂性及其导致的社会脆弱 [J]. 科学学与科学技术管理, 2005 (11), 14-17.

够做出符合真实价值的划分，以作为创造实践过程的方向、内容及可行性的一种依据。

创造过程价值追求既是超越的，又是入世的。创造过程中不管价值追求上有多高，创造的价值追求与理想还必须贯注到现实人生中。如同道家一样，其价值追求"道"固然是出世的、超越的，但是追求到最高境界时，仍以道为源头，向下流注：道生一、一生二、二生三、三生万物。创造过程是价值的建构过程，因此，创造价值问题应下沉到创造过程层面上，把价值观融入创新方法和创新认识之中，通过它们的有效互动来共同指导技术创新实践过程，成为促进技术创新价值目标实现的有效途径。否则，创新活动最终也仍然停留在形而上、思想和观念的层面。

创造过程的每一个阶段不仅包含着对创造者的认识与领悟，还蕴含着对创造的内在价值，二者是相互依赖，融会贯通的。夏保华教授强调，在讨论技术认识论和技术价值论研究孰重孰轻时，不要忽视了两者的密切关系，特别不要把两者对立起来，两者都是构成一个完整的技术哲学所不可或缺的。❶ 创新过程中的认识论与价值论的融合不是简单的集合，而是二者之间的共鸣。脱离了价值论指导的认识理论是盲目的，人们只会对技术认识的困惑度越发加深；而脱离技术创新认识论基础理论空谈技术创新的价值哲学是毫无意义的。

在某种意义上，基于 TRIZ 的技术系统进化理论为技术创新认识论与价值论的融合提供了可借鉴的典范，尽管这种价值追求是理想化的、是经济的和效益的、外在成物的。根据 TRIZ 技术系统进化理论，所有技术系统的进化并不是随机的，在其生命周期之中，都是沿着提高其理想度、朝"最终理想解"（IFR）进化。这种进化理论既指明创造的方向，又可以实现对创造过程实施可操作性的、实用性的指导。

7.2.3 创造过程中生态价值的实现何以可能

21 世纪初，美国等发达国家提出创新（创造）生态系统观念，把创新看作是一个生态系统，名为《创新美国》的报告中强调：最好不要把创新

---

❶ 夏保华. 技术哲学研究之我见 [J]. 哲学研究，2004（10）.

视为一个线性的或机械的过程,而要把它看作一个生态系统,在这个生态系统中,我们经济和社会的诸多方面之间在连续不断地、多方面地相互作用。❶

创造价值判断的基准是什么,不仅是对现实社会的需求,还应以我们对历史的经验教训、对将来技术发展的"认识"为基准,使价值判断与认识论相结合。我们不能把技术创新单纯地看成是技术与经济相结合的过程,而必须把它看作是一个技术与经济、社会、自然生态之间相互整合的动态化协调发展的过程,必须把产业创新由此获得的经济效益、社会效益和生态效益相统一,把最佳的综合效益、特别是生态价值的实现作为技术创新的根本目标。必须把技术创新研究的视野从技术、经济二元系统扩展到整个人与自然或自然、科技、经济、社会、人类这个多元的大系统之中,把关注的焦点集中在这个大系统中各子系统之间相互依存、相互整合、互利互惠、持续协调发展的"共生"的关系上,亦即必须从技术与经济、社会、自然生态之间的"共生"的本质关系中来分析和把握技术创新过程。❷

现代人日益远离家园,茫然不知所归的生存状况,是当今创造过程哲学最值得深思的事情。随着生态的、进化的动态演进的创新系统观的形成,"绿色""循环""再生"等生态化理念也应体现于技术创新的过程之中,将生态学理念融入技术创新过程的各个阶段,从而减少和弱化传统技术创新在生态领域和人文领域所产生的负面影响。

7.3 创新境界观对创新实践活动的指导

高层次的"创造境界"往往体现、渗透在人生各种较低层次的境界之中。这其实就意味着把创造境界渗透到人的日常创造实践中,实现生活创造化,创造生活化。

---

❶ 金吾伦. 创新文化:意义与中国特色[J]. 学术研究, 2006(6).
❷ 袁望冬. 对科技创新促进产业创新的哲学探析[J]. 自然辩证法, 2007(5).

7.3.1 IFR 对技术创新过程的指导

采用 Altshuller 定义的结构化思考方式，以 IFR 为指导可反推创新方案：
（1）系统的主要目标是什么？
（2）系统的理想解是什么？
（3）阻碍理想解实现的障碍是什么？
（4）这些障碍的阻碍原因是什么？
（5）如何使障碍消失？
（6）何种资源可以用来消除障碍？

日本专家 Toru Nakagawa 对 TRIZ 的实质进行了剖析与概括：其前提是技术系统以最少的资源引入、通过克服冲突向着增加理想化进化；于是，对于发明问题的解决，TRIZ 提供了一套辨证的思考方法，即：将问题视作系统；首先设想理想解；然后解决实现理想解的过程中所遇到的各种冲突，但这种冲突，仅仅是局限于创造客体内部、或技术对象之间的矛盾。

遵从技术进化规律，确定 IFR，即决定了创造目标的最优化效果，"理想解"，作为理想，虽然不具备"客观有效性"，却是指导人类行为的动力，能反过来指导创造过程中的方法和工具选择与应用。

TRIZ 认为解决科技问题的理论时，应该设想理想的最终结果。这意味着我们要思考：提高技术系统的理想度要求我们解决什么？理想的最终结果可能是幻想，是梦想，是可望不可及的，但它允许我们建造通往答案的桥梁。提高理想度法则提示我们：在解决问题之初，首先抛开各种外在客观条件的限制，用理想化来定义出解决问题的最终解，使在问题解决过程中沿此目标前进并获得最终理想解，从而摆脱了传统创新中缺乏设计目标的弊端，提升了创新的效率。再反过来考虑，要想实现理想解，有哪些可以利用的现实资源，它是一种逆向思考模式，如图 7-1 所示。

第 7 章 创造过程中价值论、认识论、方法论的有效互动

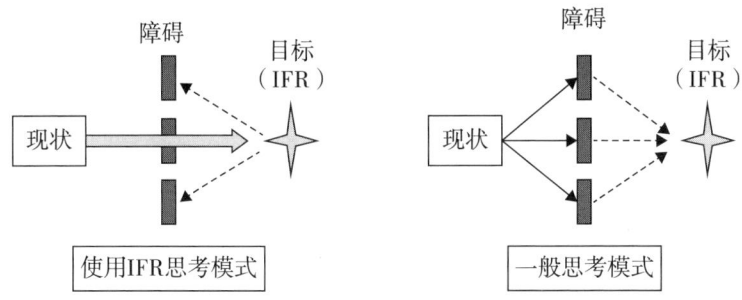

图 7-1 IFR 对技术创新过程的指导

理想化的最终结果不是永远都能达到，但是能给我们指明前进方向，也有助于克服思维定势。IFR 的作用在于：指明通往解决方案之路（指路星）；使问题尖锐化，不走折中之路。

阿奇舒勒对 IFR 做这样的比喻："可以把最终理想结果比作绳子，登山运动员只有抓住它才能沿着陡峭的山坡向上爬。绳子不会向上拉他，但是可以为其提供支撑，不让他滑下去。只要松开绳子，肯定会掉下来。"

IFR 对创造过程的指导意义，在于提供了分析创新问题的方法和一种思维方式。当然，由于其本身自始至终所贯穿的皆为功利原则和效益原则，这些原则本身并不能解决它自身在贯彻过程中所出现的功利与效率问题。因此，纯粹以 IFR 为引导和追求，确实能够成为一种推动创造成果的动力，但这种动力是"技术性的"，带有过重的功利观念，必将影响创造的发挥，也将无可避免地产生正负两方面的效果，导致人的物化和手段的目的化，人的情感乃至整个内心世界被轻视甚至"荒漠"化。为此，从价值追求方面来指导创造实践，就必须要提出第三个原则："道"。

7.3.2 技道之间：以技悟道，以道驭术

"道"本身体现在过程之中，而不是体现在结果之中。"道"对创造实践的引导不是从基本思路出发进行逻辑推演的过程，也不是提供任何具体的创造手段和方法，而是引导人们如何去了解和把握合理的、智慧型的途径和方法，贯彻一系列具有辩证思维的准则。在道的引导下，可以不断提高和谐度的基本手段，使人们自身以及自身与外部世界关系处于和谐状态的自觉活动。

庖丁说他"所好者道也，进乎技矣"。以"道"驭"技"，"技"获得很大长进，上升为"道"，即由"道"——"技"——"道"。这个过程中，"道"对"技"的指导性，就是指理论对实践的指导性、一般对个别的指导性。

以"道"来引导现代技术的发展，关键在于从技术发明一开始，就充分考虑到活动过程各种相关要素的和谐，及时发现和消除各种相关要素的不和谐关系，应该在技术活动之初就施加正面影响。仅仅出于急功近利的 IFR 需求来开展创造活动，势必带来技术风险。"道"的引导作用则可以在可能问题出现之前就发挥成效，起到防患于未然的作用，这也是"道"与"IFR"对创造引导的一个重要差别。现代技术活动的某些后果事先难以预知。

老子讲"道常无为而无不为"，就是善于利用自然界的动因和能力，因势利导，引发有为的行为。"相反相成"是事物发展的必然趋势，利用"相反相成"的趋势，留出事物的发展空间和"自化"的余地，就使创造逐渐趋向人们预期的目的。

道对创造实践的指导，是以"道"为追求，对创造活动过程中各种相关要素之间的和谐关系进行整体的考察，需要广阔的视野和高度的责任感，而现在相当多的技术设计只考虑局部的、短期的、可以预测效益和效率的目标。❶

追寻现代技术之上的"创之道"，就是要在现代技术水平上进一步研究操作者、机器和技术对象之间的矛盾，研究技术与自然、社会、伦理、法律诸因素的相互制约关系，从日趋复杂的人为活动中揭示事物自然的本性。现代技术活动已经具有极强的社会性，因此追寻创造之道，应该由技术人员的个人行为转变为技术共同体的社会行为，并且有制度化的保障。技术上具有可能性的事情，当然并不都是应该做的事情，这里需要"道"的引导和约束；如果使技术活动从一开始就接受道的引导，以其智慧的光芒引导当代技术沿着"大道"而行，从技术发明、技术设计、技术决策角度避免偏离道的倾向，现代技术困境问题就会大大缓解。❷

由创造价值和境界追求反过来以指导技术实践活动，即是"下学上达"

---

❶ 王前，朱勤."道"与"实践智慧"：技术发展模式的比较 [J]. 东北大学学报：社会科学版，2011, 13 (4).

❷ 王前."由技至道"——中国传统的技术哲学理念 [J]. 哲学研究，2005 (12).

和"上达而导学"的上下互动过程。"道"对"技"的引导,既是"道"通过技术实践活动显现自身的过程,也是创造主体通过亲身实践和体验"悟道"的过程,在这里"道"的价值论、认识论、方法论得到了有机的统一。

"道"与"IFR"作为创造过程中不同层面的价值追求,"道"更多体现了多方和谐;"IFR"多考虑功能的实现、局部的经济利益,注重效率,能够在解决创造过程的部分问题,但"IFR"的物质价值追求很难处理现代技术带来的全局性的甚至是全球化的问题。"道"与"IFR"两种创造价值观应该相互补充,就是"互为主观",这样才有助于协调好创造过程中个要素之间的关系。二者的融合为创造实践指明一条生态价值、人文价值、经济价值三位一体的技术创新实践途径。技术系统进化理论作为技术创新认识论中的核心问题,而这种把多种价值取向共存的理念贯穿于技术进化理论当中,在研究技术创新认识论的同时反思现代技术创新的价值观及其重塑问题,是技术创新价值论与认识论互动的有效途径。它能指导创新主体在技术创新设计之初就按照特定价值目标建构创新过程,促进技术创新朝经济价值、生态价值、人文价值的和谐统一的方向发展。

7.4 创造过程可控论:创造主体认识的升华和价值理性复归

7.4.1 技术控制主义的哲学解读

西方技术哲学中对待技术的传统,先后经历了技术无政府主义、技术乐观主义、技术恐惧主义,并随着 20 世纪中叶现代技术革命的发展,当技术以超乎人类想象的速度所向披靡时,人们越发认识到技术负效应日益彰显,已经严重地威胁到人类的生存和发展,迫切地需要人们对技术负效应进行控制。由此,西方技术哲学对待技术的理念开始步入技术控制主义,人类对于技术及其后果的反思使得技术的控制问题已成为当代技术哲学亟待研究的重要议题。当代技术控制主义关于技术控制性问题研究的主流方向是技术的民主控制和技术社会控制,他们关注的焦点在于如何控制技术,侧重于控制手段的研究,技术控制的认识论层面的研究却有被忽视之虞。远德玉、陈昌曙教授指出,"无论是技术评估,或者是制定技术发展战略与政策,都无非是要促进或加速某一项或某些技术的发展,阻止或延缓另一项或另一些技术的发展,就是说,这都是以承认技术发展是可以控制作为基本依据的。但是作为它们的基本依据——技术发展的可控性问题却讨论得很少,然而,这却是需要加以认真研究的"❶。

因此,研究技术可控性问题,既要关注控制主体,对当今技术负效应中技术控制主体地位缺失现象进行反思;同时还应深入技术客体内部,加强对技术系统发展客观规律的认识。只有从整体上思考技术可控性问题,认识其内在的诸多同一性和统一性,全面理解技术控制过程,才能有效地进行技术控制。

7.4.2 由创造过程的可控性走向技术可控性

过去由于缺乏对创造过程的客观规律的研究,却使得人们越发认识到创新过程的不可控性。Genrich S. Altshuller 批评了创造过程不可控的旧观点,以唯物论的认识论与方法论为基础,提出了创造过程可控的新观点。"创造过程可控论"核心思想:(1)技术系统是按照一定的规律实现状态的转换,而不是随意性的转换。这是技术创新第一性的,客观的东西,不是人们或其他外在力量强加在客观事物之上的;(2)规律所发挥的作用是必然的,发明创造是建立在客观发展规律基础上和有组织的思维活动上,不靠偶然所得(偶然性),而是按一定的规律达到必然结果(必然性)。创新过程可控论不但坚持了技术创新过程理论,更主要的是探讨了技术系统的演化规律。加强创造过程的可控性研究能为技术创新提供重要的认识论基础。强调技术系统发展的客观规律性,有利于减少技术行为过程中存在的诸种不确定性因素,对于技术预测和控制也具有一定的指导意义,因为技术之所能够进行预测和控制,是因为技术本身的发展是按照一定的规律的。

任何技术都具有自然属性,技术不能被看成是人类所需要的工具,相反作为手段和方法的技术必须依靠自然事物和自然过程,符合自然规律。因此,我们不能仅从目的和手段之间关系的角度去观察技术的本质,还要全面地认

---

❶ 远德玉,陈昌曙. 论技术[M]. 沈阳:辽宁科学技术出版社,1986.

识技术系统发展的客观规律，用这种客观规律来指导技术主体对技术客体的设计过程，这对于促进技术的可控性发展也是不无裨益的。

"道法自然"（老子《道德经》第二十五章），其中"法"字为动词，意为效法，遵循。就是大道以自然为纲，遵循其客观规律。"道"作为宇宙万物总的根源和总根据，"道法自然"在这里不仅蕴含了创造过程基本的认识论和方法论，更为当代人类提供了一个新的价值目标，有利于我们在全球化的动荡中和大国的强权下思考各地与全球的新秩序。"人文自然"所追求的社会和谐、人与宇宙的和谐可能是人类应该追求的一个理想而非空想的宏伟蓝图，所谓古今中西之别，实可以融会于现实的企盼，未来的追求之中。❶

---

❶ 刘笑敢. 老子古今 [M]. 北京：中国社会科学出版社，2006.

第8章 创造过程实践观：知思行合一

"创学"把创造过程放到宇宙人生的大背景下思考，把创造视为宇宙万物发展的必然，人类觉悟这种必然，就能主动在实践中充分发挥自己的创造潜能，谱写新的人生。由此引申出"创学"与流行"创造学"迥然不同的思路和方法，创学实践方法的核心是"悟道"，悟创造之道。"道，行之而成。""道"的核心是实践亲证。即在创造实践中不断总结、提高，从整体上体验创造之道的真知妙义，以达到各种创造技法的融会、创造思维和规律的融合、创造者自己与人生、社会、自然的融会。用中国传统术语来说，就是达到"动的天人合一"的体验，实现物质创造和精神创造两大领域的沟通。

8.1 知本达至，自觉创造

8.1.1 知本达至的内涵

"知本达至"的命题是张岱年先生自己对其哲学思想的概括。"沃为人之所本，人为天之所至，即自然中物类演化之所至；凡物有本有至；本者本根，至得最高成就；本为至之所本，至者本之所至；本亦谓之原，至亦谓之归。原者原始，归者归宿；辨万物之原，明人生之归，而哲学之能事毕矣。"❶

"知本达至"的含义可以概括为："知物质之本，达心灵（境界）之至；知生生之本，达创造之至"。何谓本？张岱年指出：事物有本有至，本者本根，为最原始者，为一切之所基。至者至极，为最圆满者，为一切之所趋。

---

❶ 张岱年. 张岱年全集（第3卷）[M]. 石家庄：河北人民出版社，1996.

本为物质，至为圆满境界。❶ "至"是"极"的意思，是一种极真极善极美的圆满境界。

创造之至蕴含四个层次，第一层次是自然（天）；第二层次是社会（地）；第三层次是心灵（人）；第四层次是道。"知本达至"不仅是对本至关系的基本认识，而是在这一认识基础上，对认识主体提出的要求，要求人们充分发挥主观能动性，通过努力到达"至"的境界。

"知本达至"，既是一个认识过程，更是一个实践过程。"知"是认识、知晓；"知本"，即知道天人皆以物质为本，知晓物、生、心等"一本多级"的物质世界结构，知道世界生生日新、创造不息的进化过程。"达"是达到的意思，"达至"指主体经过努力而实现"至"的目的。"至"是"知天知人、穷理尽性"而达到的人生最高境界，是人类本性、自觉、理想的展现，是真善美的结晶。"至"的践履和实现，亦是一个生生日新、创造不息的过程。"知本"是"达至"的物质与实践基础，"达至"是"知本"的最终理想与精神追求，而贯穿"知本达至"的是"创造过程"。创造不止的社会实践，正是人类最高的道德的体现；也正是天道与人道、天性与人性的贯通点；当然，应当指出，自然的生生和创造是无意识的、不自觉的，而人类的生生和创造是有意识的、自觉的，这是本至不同使然。❷

创造之道强调了修道的物质基础，即以"自然"为修道之本，物质第一，精神第二，道并非心灵的随意想象，而是由物质开始的进化使然；接着进入"社会"层次，进一步强调了修道的社会实践性，即修道的"实践"之本，只有在丰富多彩的创造实践（即古人说的"行"）中，我们才能发现并体验道的真谛。沿自然和社会构成的"知本"层次继续向上，是由"人"和"道"组成"达至"层次。人是自然进化和社会发展的最高产物，具有至高的地位，是"知本达至"的主体。以人为中心，向下着眼，通过自然科学、人文科学、社会科学、技术科学，可以清晰明了"知本"；向上着眼，通过对道的追求，可以提升到"天人合一"的"至"的境界。人是自然进化之

---

❶ 张岱年. 张岱年全集（第1卷）[M]. 石家庄：河北人民出版社，1996.
❷ 刘仲林. 张岱年"知本达至"思想初探[A]. 中国哲学的诠释与发展——张岱年先生九十寿庆论文集，北京大学出版社，1999.

"至",而道是人的心灵之"至",所以道可以说是至中之至,而这个最高的"至"不是脱离自然,而是使自然与心灵融合为一,即本和至在认识实践中的一体化。❶

8.1.2 创造:本与至的统一

张岱年的本至之辩,既明确了物质之本、实践之本,亦弘扬了心灵之至、境界之至,进而他着眼于"动的天人合一",肯定了创造在"达至"中的作用,认为"创造实践"是联系"本"与"至"的纽带和桥梁,体现了"本至"在创造活动中的统一性。物质的进化,形成了生生不已,创造不息的过程,在这个过程中,从无生命到有生命,从低等生命到人类。人类的出现,使这一过程发生由不自觉到自觉的飞跃;人生的最重要意义,在于自觉的创造,改造自然与人性,以达理想境界;由此,便形成自然观和人生观连贯统一,亦即"本"和"至"的统一。❷

本至有本质的区别,但通过"生生"和"创造"的双向互动作用,构成了一个对立统一的有机整体。"知本达至"过程可用图 8-1 简示。

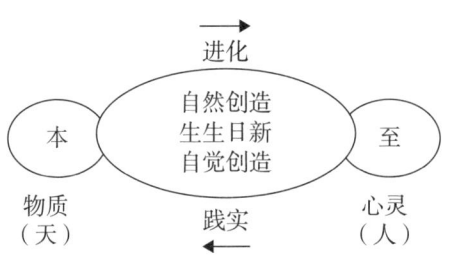

图 8-1 知本达至关系图

在图 8-1 中,代表"本"(物质,即是自然界的"天")和代表"至"(即境界,是人类心灵达到的极至)的二圆,左右分立,表示本至有区别,二圆又通过由本到至和由至到本的双向作用联系起来。其中从本到至的过程,是自然创造的方向,是一个无意识的、非自觉的演化过程;而从至到本的过

---

❶ 刘仲林. 中华文化的传承与创新[DB/OL]. http://www.huawai.net/lib/TSnews.aspx?type=57&newsid=2271.

❷ 刘仲林. 张岱年"知本达至"思想初探[A]. 中国哲学的诠释与发展——张岱年先生九十寿庆论文集,北京大学出版社,1999.

程,即是人类通过生产劳动及各项实践活动,在改造自然、改造社会的同时不断改造自己,达到极高的精神境界,是一个有意识的、自觉的实践和认识过程;中间的生生日新,表示由自然创造和人类创造而形成的自然万紫千红、社会日新月异的发展态势;应当指出,这里所用的"创造"一词,是指广义"创造",不是通常仅指人类行为的狭义"创造"。❶

知本达至也体现在作为人类行为创造过程之中,"知本"就是明确创造活动以物质和实践为基础,努力掌握各种创造技法,领悟东西方创造方法之根本,认识东西方创造主体思维之差异,理解创造过程之客观进化规律;"达至",就是领悟东西创造观之特质,达东西贯通的创造之境界,随心所欲的自由创造。

8.1.3 彰显创造本性,实现自主创新

儒家说"天命之谓性,率性之谓道",也就是说,天赋予人一种本性,遵循这种本性就叫道。这种"本性",是与生俱来的,其中最重要的就是"创造"之本性。从这个角度说,人之初,性本创,创造是天人的本性,创造之道是人的本性在实践中的彰显与呈现。

美国人本主义心理学家马斯洛同样也认为创造是在"自我"实现的层次上,展现的一种人的本性,这种本性与孩子们的天真的、普遍的创造力一脉相承。"这是我研究或观察的所有对象的共同特点,无一例外;每个人都在这方面或那方面表现出某些独创性。但要强调的一点是,自我实现者的创造力与莫扎特型的具有特殊天赋的创造力是不同的……而自我实现者的创造力似乎与未失童贞的孩子们的天真的——普遍的创造力一脉相承。似乎是普通人性的一个基本特点——所有人与生俱来的一种潜力。大多数人随着对社会的适应而逐渐丧失了它,但是某些少数人似乎保持了这种以新鲜——纯真——率直的眼光看待生活的方式,或者先是像大多数人那样丧失了它,但在后来的生活中又失而复得";马斯洛还认为,这种创造性,或者说,真正产生新观念或新思想的创造性,其实潜藏在人性的深层之中,而只有透过人性的表层

---

❶ 刘仲林. 张岱年"知本达至"思想初探[A]. 中国哲学的诠释与发展——张岱年先生九十寿庆论文集,北京大学出版社,1999.

才能将它挖掘出来；也就是说，它实际上是潜藏在一个人的"真实自我"或"无意识"之中的。"❶ 马斯洛的这段话对于我们深入理解"创造"的本质有重要的启发意义。在马斯洛看来，创造性不是从外部灌输的，而是每个人本性中原来就有的，那么，人人都应该具有创造性，而且这种创造性在任何一种行为中都可能表现出来。

随着"自主创新"国家战略目标的提出，随着创造理论的不断丰富与发展，创学日益成为一种显学。创造是人的本性，创造是创者本性的最高呈现，即要通过实践活动，把人类的创造本性由"潜"到"显"的彰显出来。换句话说，创造的最高成果，不是外在的创造物品，而是人创造本性的觉醒，一个新人的诞生，或者说是"人之再造"。创造不仅要着眼于精英创造，部分领域创造，更要着眼大众创造，各个领域创造，努力实践著名教育家陶行知在《创造宣言》之所说的："处处是创造之地，时时是创造之时，人人是创造之人。"现在，很多创造，以物质利益为最高导向，就是以"创新"为工具，目的只是"赚钱"。"创新"成了任人打扮的侍女。这是一种本末倒置的创造观。创造是人对自由的本质要求，因而"自主创新"的首要任务亦即要实现创造本性之自觉，呈现每个人的创造本性。创之道不是以知识为最高目标，而是更珍视生活本身，珍视人生的体悟。

8.2 知思行合一，达创造之道

张岱年先生认为一切学术的基本方法可以说有三个，第一，学与思的统一；第二，知与行的统一；第三，述与作的统一。❷ 先生的治学方法，对于我们当今的创造实践有着重要的指导意义。

8.2.1 "知""行"思想的渊源

"知行合一"的基本思想因子古已有之。在中国的思想史上早期主要是关

---

❶ A.H. 马斯洛. 动机与人格 [M]. 许金声, 译. 北京：华夏出版社, 1987：179-204.
❷ 张岱年. 做学问的三个基本方法 [N]. 人民日报, 2000-11-30 (11).

于知识与实践之间关系的思考。《尚书·说命中》的"非知之艰，行之惟艰"，是以"知""行"对举出现在文本上可以追溯的最早源头。而"艰""惟艰"之说在将"知""行"视为性质不同的两个概念的前提下，显得更为清楚地强调了"行"的重要性。《论语》中就也有不少关于知行关系的论述。孔子提倡身体力行，言传身教，要求知行合一，言行相顾，言行一致。事实上，言行关系归根结底就是知行的问题。孔子曰："始吾与人也，听其言而信其行。今吾与人也，听其言而观其行。"（《论语·公冶长》）可以看出孔子对"行"也是极其重视的。❶ 荀子《儒效》："不闻不若闻之，闻之不若见之，见之不若知之，知之不若行之。学至于行之而止矣。"是以"行之"为知的最后境界。宋明时期，"知行观"成为热门话题。著名的理学家朱熹对知行关系非常重视，提出了系统的知行观。他对知行关系的总看法是："知行常相须，如目无足不行，足无目不见。论先后，知在先；论轻重，行为重。"❷ 朱熹指出知行关系：知行相互依赖，知先行后，以行为重是落脚点。"知之真切笃实处，即是行；行之明觉精察处，即是知。"❸ 知之愈明，则行之愈笃；行之愈笃，则知之益明。二者互相补充，互相促进。

"知行合一"作为中国传统哲学的重要理论命题，也是中国传统伦理中行之有效的规范，不仅指理论与实践的统一，也指道德意识与道德行为的统一，其中蕴含着许多有价值的认识和道德修养思想成分，可为我们提供一份吸收借鉴的文化资源。

8.2.2 作为创造过程中的"知行合一"

知本而达至，重在强调创造过程对"本"与"至"的统一。事实上，知本达至中还有"知"的成分和"达"，即"行"的成分，也是"知"与"行"的合一。

"知行合一"是一个关于实践的命题，而"创"的真实生命就在实践中，是以人的实践活动为其本质内涵的。如仅在思想中进行的，未涉及实际行动，不能说是知行合一，也只有把"知"和"行"统一起来，才能称得上"创"。

---

❶ 肖剑平. 王阳明"知行合一"本体论解读 [J]. 求索, 2010 (4).
❷ 朱熹. 朱子语类（壹）·卷九 [M]. 上海：上海古籍出版社, 2002.
❸ 吴光等. 王阳明全集 [M]. 上海：上海古籍出版社, 2006.

作为创造过程哲学的知行合一之"知",是认识、领会和掌握,当然,"知"要求的内容要随社会的发展而不断变化,但其基本原则是恒久的。其至少含有以下四层意思:①知道创造是天人本性,知世界的形成和进化是一个生生日新、创造不息的过程;②掌握必要的创造技法,并领悟创造方法的实质与内涵;③认知并掌握创造过程中的客观规律、创造客体的演化规律;④深刻理解创造之道的修行目标和境界追求。

"行",即以实践亲证为落脚点,对创造主体至少有以下四层要求:①求"真":"道法自然",遵循自然规律、技术进化客观规律去创造,防止创造成果给人类带来巨大经济利益的同时,也给人类带来危害和灾难;②寻"善":遵循人类社会伦理规范去创造,防止创造过程中道德意识和道德行为相去甚远而导致伦理上"知行错位";③臻"美":遵循美的规律而自由创造,促进创造主客体之间以及人与自然之间的和谐;④行"道",在道的指引下去创造,以道驭术,引导创造主体去了解和把握合理的、智慧型的创造途径和方法。创造过程中,知行合一,以达创造之道。

8.2.3 "知"道、"思"道与"行"道

"志于道"(孔子语,《论语·述而》),即求知道、践行道、体悟道,在道的境界中达到对万事万物以至宇宙人生的大觉大悟。如何觉悟"创造之道"?

创造是人们认识、改造事物的实践活动,创造性主体是创造活动中占第一的、关键性因素,没有创造主体也就谈不上创造性活动。在创造过程中,创造主体的任务不是仅仅认识和把握一些基本的创造原理和知识(知"道"),更重要的还在于把基本原理和知识内化为自己内在的思考(思"道"),并在此基础上对象化于自己的实践过程中(行"道"),最终达至"创造之道"。因此,达"创造之道"的过程,仅有"知"与"行"还是不够的,还需要反思,达创造之"道"的关键不是在理论上知,而是在实践中去"悟"。思维与实践都是我们在创新与创造的过程中不可忽视的,尽管二者是截然不相同的,但若将其拆开看的话,是根本无法进行创新与创造活动。只有将二者融贯起来,在思维的过程中实践,在实践的过程中思考,方能正确的进行创新与创造。因而强调"知思行合一",强调把"认识"升华到"思想、用心思考、悟"的层面,既强调思与行的统一,又强调"知悟统一",体

现了创造过程中身心不二、首脑交互、悟与行的融合,这对于创造而言,是不无裨益的。

"思行合一"也可以从"道"字的写法得出:"道"即一个"走之旁"+"首","走之旁"代表行走,意即实践;"首"过去即指大脑,意即要有思维,有反思,合起来也就是要用心去体验,即"行+思=道",也体现了"思行合一"方能达道。庄子说:"道,行之而成",因此,从这个意义上说"道是用心行之方成",同样,如何达"创造之道",不能是坐以论道,也不仅是起而行之,还需用心行之,在思考中去实践,实现人的心灵和实践的互动即能达创造之道。我们也可对"创造"重新解读:创造=创+造;创,从字形上看,一个仓字,加一个利刀旁,有"开仓取宝"之义,即"开发智慧的宝藏,找回创造的本心",重在"思考";造,重在"行动与实践"。

创造之妙,存乎一心。生活中无不是实践,如做各项技术工作等,能否有所创造,关键在于"行"中有没有去用心思,那种脱离思想的实践从某种意义上说是机械式操作,心不在焉,则于创造无益。正如梁漱溟所言,"是不是创造,要看是否用了心思;用了心思,便是创造。(《人生的意义》)"事实上,生活中各式各样的实践活动都是如此,哪怕是简单的技术实践,也需技艺与心术的融,技——在于练习和实践;术——在于心悟。只有当实践行动在内在思想的指导下,行思不二,实践才真正内化为创造,达到一种自由创造的境界,即精神上的自由徜徉,实践上的自由创造。

思,包含"外思"(与外界的人与物的交流)和"内思"(与自己内心的交流)。现在的创造发明一般都是采用"外思",外思重于调物,即利用形式逻辑去分析推理,实现对客体的改变,这是一种思维定势。创造者很少反观自身,让创造者也参与其中,即缺乏向内的思考。内思在于"调心",是一种观念和心灵范式的转换,是创造者内在的超越。只有调心,才能克服思维固化,发挥潜能,促进原创性的东西产生。

有一则希腊神话中讲到,天神创造了人类之后,不愿意将生活的秘密让人类知晓,但又不知该将生活的秘密藏匿在什么地方,才不会被人类轻易地发现。有一位神说:"把它埋藏在山底下。"天神说:"如果人们去开山挖地,还是会发现的。"另一位神说:"不如把它藏于深海处好了。"天神说:"人类以后科学技术发展了,自然也就有办法深入到海底去探索,到时候这秘密还是也会被找出来的。"当诸神都无计可施时,有一位小神来向天神提出说:"可以把生活的秘密,藏在人类的心灵深处。人类的天性只是会向外追寻,而不会也不愿意去探索自己的心灵深处,如此一来人类就永远找不到它了。"众神全部都点了点头,同意小神的主意。同样,创造过程中,我们大多习惯于向外界探索,去发现外在的各种秘密,却很少自我反思和内心自省。而打破外在的层层束缚,挖掘我们内心深处的创造本心,是非常重要的。

8.2.4 述与作的统一

创学的实践过程中,不仅需要"学与思"的统一、"知与行"的合一,还需要"述与作"的统一。

《论语·述而》:"子曰:述而不作,信而好古,窃比于我老彭。"后人把这句谦虚之辞当成了真实,止于观孔子之言,疏于察孔子行,特别是汉代"罢黜百家,独尊儒术"以后,由于儒学一直被历代统治者视作正统学科,因而"述而不作"成了很多学者的信条,原创精神和思想有所衰退。刘仲林教授认为"述而不作,信而好古"只是孔子的一句自谦语而已。述,即指"传旧、传承";作,创始、创造。古人认为:圣人创始。孔子不能自比圣人,故自谦为"述而不作"。事实上,孔子如果真的只是述而不作,他就不可能成为儒家学派的创始人。透过孔子的自谦,深入考察孔子的足迹,观言察行,我们看到的是一个在学问探索上朝气蓬勃、极富原创精神的真实的孔子:他不仅在"述",更是在于"作"。❶刘仲林教授对孔子的这句话作以修正:"述而步作,新而好古",即孔子说的是"述",但迈开的脚步是"作",传承的是"古",追求的最终目标是"新"。

创学理论融会古今中外已有创造理论成果,发现问题并提出创学的观点,实现了继承与创新的统一,这本身就是述与作的统一的结果。对待创学理论本身,不能仅仅是在"行"中进行传承,还要不断地吸纳新的思想观念,在"创"和"作"中不断地发展自己。述作无住,创造者奋斗不息,超越者永无止境。就创造实践过程而言,如果只片面地重视创造技法、创造知识之"述"的方面,却不进而强调智慧性之"作",那就无法达到创之道的境地。

---

❶ 刘仲林. 为"述而不作"正名[N]. 光明日报,2011-11-4(15).

第 9 章　创学理论建设思考与展望

前几章从创学之认识论、形上论、价值论分析了现代新创学的哲学进路。哲学理念的落脚与开花——就在于形成一种文化，创造过程哲学最终在于形成一种文化——创造文化。

9.1　中国当今文化的现状

新加坡国立大学东亚研究所所长郑永年教授在《通往大国之路——中国的知识重建和文明复兴》一书中论述了当今中国文化的现状，并指出，与经济相比，当今中国文化其实很苍白，"所谓文化，其核心的东西就是其价值观和道德体系。无论是西方的民主、自由，还是东方的儒家文化，其本质都体现了一定的价值观和道德体系。如果从这个标准来看的话，我们当代文化是很苍白的。我们有什么呢？与当代中国的巨大转型形成对照的是，我们对此缺少体现和解释自己的道德体系和价值观念的知识体系。当然这里也包括缺少解释道德和价值转型的知识体系"。

创造文化的建设更是如此！

如今从大众百姓到各级领导，都在谈"天行健，君子以自强不息"，谈各个领域的创新和创造，但大都是从科技创新入手，缺乏中国传统文化的厚重根源。世界是不断创新的过程，文化更应是不断创新的过程。创新学术界虽是广泛探讨文化要创新、要融合，以及创新文化建立的必要性，但没有深入到怎么去融合，怎么去创新，其后留下广大的发展空间。

目前，创造哲学与文化理论建设相对滞后，缺乏知行的深层"范式"变更，无法应对急功近利思潮的挑战，不能满足时代的需要。正如郑永年教授所指出的，"如果总是拿别人的东西来解释我们自己，比如西方的概念和知识体系，那也不能说那是我们自己的文化。现在的文化界，喜欢贩卖西方的知识，这在本质上跟中国的加工业很类似。你用人家的技术加工中国的原材料，这样的产品对他们有吸引力吗？一种文化要有吸引力，首先能解释这个时代和社会，不能解释这个时代的话就不能说是你自己的文化"。

创造文化的建设需要关照中西的现实背景，中国传统文化谈道不谈创造，西方创造观谈创造创新不谈道，只有将两者融会，挖掘中华传统文化的创造力和影响力，以创造之道为途径，通过"创造"促进中国传统文化的创造性转换，以"道"提升创造学境界，促进西方创造学向中西会通的广义创造学（创学）提升。

9.2 中国传统文化创造性转换

20世纪上半叶，在西学东进的思潮影响下，出现了一个引人注目的现象：对"创造"的推崇超越了中学与西学的隔阂、激进与保守的对立，成为一个被普遍赞赏和关注的热门观念。20世纪下半叶以来，在改革开放的大潮影响下，打破了政治、经济、文化的分野，"创造（创新）"成为了一个全民流行的时尚用语。值得注意的是：这两次"创造"热，相同点都是源自西学，不同点则是，前一次着眼点偏重"文化思想"，后一次着眼点偏重"经济实用"，且两者的联系被今人割裂，未能上升到更高的中国哲学层面反思，使"创造观"大多停留在"形而下"的实用层面，未能产生深层的"形而上"变革。"创造观"在推动中国传统哲学的创造性转化中的重大作用，被多数人忽略。

2011年1月11日，悄无声息地，孔子像竖立在了中国国家博物馆的北门广场内。这是一尊身高7.9米、基座1.6米，由17吨青铜铸造成的雕像，是成为继毛泽东、孙中山之后第三位进驻这一区域的历史人物。他西邻天安门广场，与人民大会堂遥相呼应；他北望天安门城楼，与高悬的毛主席画像相互可视。他在这一地理位置上的出现，引发社会广泛热议。喧哗声中，他一直默默地站在这里。

整整100天后，2011年4月20日，他离开了国博北广场，依然悄无声息。各种观点经百日碰撞后，本已渐趋平寂。他悄然一走，喧哗再起。

"来去"争议解读版本，各不相同。但从2011年"天安门前设立孔子像"事件中可以看出，时下，对中国传统文化的态度，呈现出的依旧是"完全肯定"和"绝对否定"两种截然相反的观点。在这两种势不两立观点的激辩背后，是"全盘西化"和"国粹主义"在社会大众中的影响，从一个侧面反映出中国传统文化创造性转换的滞后和社会影响的薄弱，社会大众还是在就孔子论孔子，没有实现向新的价值符号的转换。

实际上，一切社会的发展，都离不开自身长期形成的传统构架为基础，同时又不能固守历史的传统而不使之附着或涵容现实的色彩、时代精神和未来呼唤，全面地反传统和全面地维护传统的立论之所以不成立，力求传统的创造性转化之所以具有优化生存智慧，强化生存竞争力的巨大而深远的意义，其理由也正在于此。❶ 换句话说，往昔传统只有和创造创新结合起来，兼容时代精神的传承才会具有强大的生命力。德国著名的哲学家、解释学家迦达默尔有一段话很精彩，他说："传统并不只是我们继承得来的一宗现成之物，而是我们自己把它产生出来，因为我们理解着传统的进展并且参与在传统的进展之中，从而也就靠我们自己进一步地规定了传统。"这就是说，传统和历史一起赶路、一起进步、一起发展，传统是新鲜的，鲜活的，向前的。所谓传统的创造性转换，就是以创造为核心和中介，使历史和传统中的优秀精神和精华内核部分，在新的时空环境和条件下，以崭新的形态和更加丰富的内涵发扬光大，并使其拥有最具时代精神的现实价值，使之最大限度地发挥不可摆脱的对现实的正向驱策力。❷

海外学者林毓生曾系统地提出了"传统文化创造性转化"的观念，并指出应该把中国文化传统中的一些价值符号与价值系统加以改造，使经过创造性转化的符号和价值系统变成有利于变迁的种子。这种转化既要入其内，又要出其外。入其内，就是要深入领会传统文化的精髓；出其外，就是打破传统文化因循守旧思想的束缚，要放眼文化和时代的全局，建立促进社会可持

---

❶ 金马. 创新智慧论［M］. 北京：中国青年出版社，1997，2-10.
❷ 金马. 创新智慧论［M］. 北京：中国青年出版社，1997，2-10.

续性发展的新文化。20世纪上半叶，熊十力、冯友兰、金岳霖、张岱年等著名文化学者在传统文化创造性转化方面做了系统研究，是今日新文化理论建设的重要思想资源。他们在传承传统文化的基础的进行了广义的"创造性转化"，即"综合创新"的探索。

以儒家思想为代表的中华传统文化价值观主要是一种泛伦理观，认为"仁"具有最高的价值，主要是从道德层面进行讨论，忽视人的创造性，忽视人对自然和社会的创造实践。两千年来，在小农经济、专制制度和经学文化的统治和影响下，中华民族的创造力更多的是被束缚、禁锢和压抑。中华传统文化有沉重的消极面；同时，也有其向上的积极面。进一步深入剖析，可以发现中国传统文化与创造观念之间也有着密切的联系。易家"生生日新"的观点，是"创造"最接近、最强力的思想源泉。捅破"生"与"创"之间这层窗户纸，我们就会深切体验中国文化"渊默而雷声，神动而天随"的磅礴力量。

《易传》从阳动的角度着眼，提出"生生日新"之说，《老子》从阴静的角度着眼，提出"归根曰静"之说。从一般意义上讲，《易传》离"创造"的思想最为接近，因为"生生日新"的实质就是广义的创造，所以《易传》是有中国特色创造学的主要思想源泉，为现代创造学建设提供丰富的思想宝藏。

把"仁"放在首位，还是把"创"放在第一位，是传统价值观与现代价值观的一个分水岭，从"仁"为核心的价值观向"创"为核心的价值观的提升，是中华传统文化向现代转换的关键问题。

《易传》中云："天行健，君子以自强不息"，"富有之谓大业，日新之谓盛德，生生之谓易"。唐代诗人刘禹锡的千古名句"以不息为体，以日新为道"，就是对上述精神的精确的概括。"日新"与"创造"两个词语虽只有一步之遥，但是反映在思想观念上，它们之间却存在着极大的差距。由于长期经受小农经济为基础的经济形态、君主专政的专制制度和中国传统经学文化等因素的束缚，这层薄薄的"窗户纸"竟两千年都没有被捅破。

从1919年五四新文化运动开始，一些中华文化学者开始用创造的观念来重新审视《易传》的"生生日新"思想，挖掘并揭示其内部所蕴含的创造思想精神与资源。中国文化大师张岱年先生指出："世界是富有而日新的，万物生生不息。生即是创造，生生即不断出现新事物。"张先生的"生即是创造"一语道出了生与创的关联，传古开今，言简意赅，把延续千年的"生"与"创"之间隔的一层窗户纸捅破了，把两者连起来，原来"生"其本质就是"创"！这是一个关键的转语，一下子把"生"提升到"创"的层次，确实具有画龙点睛之妙。这一字之"转"，就把中华文化的基本精神从传统转到了现代，也使中国创新文化理论建设的源头柳暗花明，豁然开朗。

中华传统文化向现代转化的关键点，就是把《易传》的生生思想提升到创造的高度来把握，并以此为核心来探索中华新文化思想体系的建构。在这种理论的引领下，实际上已经把天、地、人都看作是创造的过程。正如张岱年先生所言："宇宙大化，由粗而精，由简而颐，由一而异，宇宙是一个创造的发展历程。"把整个宇宙演化看成是创造过程，人的作用自觉地融入天与地创造的历程当中，张先生称这种天人观为"动的天人合一"。在这里，天道和人道在广义的创造观下得到统一。

今日时代，是一个创新的时代，创新的口号漫天飞，但"创造"的真正含义，却很少有人去品味。创造，首先是一个与现存观念和习惯决裂的痛苦思想转变过程。事实上，今日我们能容纳"创造"的心胸和眼光仍很狭隘，许多人乐意于享受创新的产品，却不愿意营造宽松的创造环境和容纳有个性的创造性人才。只有经过一番脱胎换骨的转化，中华民族精神才能获得创造性重生，而这一切只有在深入的中华传统文化传承和创新的社会实践中才能实现。

人生的最高意义是创，人生的最高境界也是创，人类的未来也在于创，这是中国传统文化向现代转换的重要结论。把传统文化的"日新"观转化为"创造"观，并将"创造"融入中华传统文化的基因，将展现出一个与传统儒、道、佛、易不同的求道、修道、证道途径和方法，会带来中国传统文化"返老还童"的再次振兴。不仅如此，现代创造观和传统文化观互动与，也会带来世界创造理论和实践的深刻变革，促进中西文化会通，加速中华文化走向世界。❶

---

❶ 刘仲林. 画传统之"龙"点时代之"睛"——中华文化大学堂的探索 [N]. 新安晚报，2012-01-07（BI03）.

9.3 创学理论基础

把东方文化和创造学思想相结合,最早始于日本。在东方文化背景下,创造教育是什么样子?日本著名教育家稻毛金七(号诅风,1887—1946,山形县人,早稻田大学毕业)早在80多年前,就把东方文化融入创造教育作了很多开拓性的工作。他于1923年出版了《创造教育论》,为创造教育研究提供了一个很好的范例。他说:"教育为人生之一部分,故欲阐明教育之本质,非参照人生之本质不可。""人生本质为创造,故教育须以此创造为原理,始为真有价值者,始能完全贯彻其使命,故以创造主义之人生观为背景,即此教育之特色。"

此书系统从人的本质出发,提出了以创造主义人生观,即以"成己"为核心的创造教育理论体系。他明确提出:"人生本质为创造,故教育须以此创造为原理,始为真有价值者,始能完全贯彻其使命,故以创造主义之人生观为背景,即此教育之特色。"❶ 稻毛金七认为创造是人的天性,是人的本性,其思想具有时代超前性,给今日创造学提供了一个新的空间。

该书的章节目录如下:

第一章　序论

第二章　创造教育之背景

第三章　创造教育之概念

第四章　创造教育之原理

第五章　创造教育之本质

第六章　创造教育之目的

第七章　创造教育之动力

第八章　创造教育之方针

稻毛金七从天人合一的大视野,建立起以创造的人生观为核心的系统创造教育理论体系,这十分令人惊讶,稻毛金七的远见卓识,令人肃然起敬,

---

❶ 刘仲林. 东西方创造教育的特质与会通 [J]. 教育与现代化, 2003 (4).

与此相对照的是，无论日本，还是中国，现代西方创造学就好像扫荡一切的洪水，几乎把东方创造观和创造教育思想冲得无踪无影，这是值得深刻反思的，中国创造学发展不能走单纯模仿西方创造学的道路了。

张岱年先生曾指出："哲学为天人之学。天者广大自然，人者最优异之生物。""辨万物之原，明人生之归，而哲学之能事毕矣。"天人问题是中国传统哲学关注的核心问题。并在20世纪上半叶，张岱年先生就从天人观的视角思考世界变化的本质与核心问题，并得出了天人合一于"创"的重大思想。20世纪90年代以来，刘仲林教授在张岱年"综合创新"文化观指导下，将中西创造观融会贯通，一方面，尝试将中国传统哲学与西方现代创造学结合，出版了以"创造"为核心的中国哲学"创学"理论（《新精神》《新认识》《新思维》）；其次，又尝试将现代创造学与中国传统哲学理论结合，出版了蕴含中国哲学思想的《中国创造学概论》，推动了中国哲学和西方创造学双向交流、互补发展，探索出中国传统哲学创造性转化和中国创造学发展的新途径。❶ 所有这些，都为今日"创学"理论建设奠定了基础。

1. 生生之创

"生生"是生命存在的基本形式，是宇宙的根本状态，因而也就是《易传》的核心精神。应当指出，"生生"不是像自动化生产线生产一样，千篇一律地重复生产同一种产品，即并非只有数量的增加或减少，而是包含"苟日新，日日新，又日新"（《大学》），即包含质的变化和飞跃，是新事物的产生和发展。这种非着眼量变重复，而是着眼质变新生的"生生"观，用今天的话来说，就是"生生"表现的不是再生历程，而是创生历程。

张岱年先生对《易传》有一段精彩的诠释：《易传》认为，"生生是变化的根本要义"。《系辞上》中赞美天地之伟大说："盛德大业至矣哉！富有之谓大业，日新之谓盛德，生生之谓易。"他指出，世界是富有而日新的，万物生生不息，生生即是创造。文中传递出两个重要观点：①把《易传》的"生生日新"思想，作为传统与现代转化的衔接点。②"生即是创"给出了一个更为直截了当的转语，唯有悟透"创"，才能把握"生生"的灵魂，深刻理

---

❶ 金丽，刘仲林. 创造观：中西哲学会通建设的新视点［J］，江淮论坛，2013（1）.

解日新大德，富有大业的精髓。❶

2. 宇宙历程

在中国哲学家的观念中，宇宙是一个大的创造历程。从自然的角度，可称之谓天；从其生生的过程，可谓之易。宇宙一切都在流转变化中，表面看似固定者其实并不固定，看起来静止不动者其实非静止。由此张岱年引入了广义的"创造观"的范畴。他说：宇宙大化由粗而精，由简而赜，由一而异。宇宙本身是一个创造的发展历程。突变即是创造。突变是新性质之创成。世界已往之成就，并非被毁灭，而是容纳于新的成就之中。每一次新的否定之否定，皆能增加世界丰满之程度。世界并非完成，世界在创造之中❷。张岱年不仅坚持了《易传》"生生日新"观念，而且结合现今时代需求和自己亲身实践体会，对这一思想的内涵进行了新的拓展和提升。提升道的新的范畴就是"创造"。"创造"一词中国古代早已有之，但并未得到古代哲学家关注，张岱年将创造提升为中国哲学的基本范畴，并把宇宙视为生生不已的创造过程，建立起一种崭新的天地创造观。

3. 人生本质

人生的第一义为什么是创造，稻毛金七并没有进行详细的论述。另一位中国哲学大师梁漱溟以广义创造观为基础，进一步对人生进行了深刻的反思。梁漱溟认为：从生物的进化史和人类社会的进化史，一脉相承下来，都是这个大生命无尽无已的创造；一切生物，自然都是这大生命的表现；但全生物界，除去人类，却已陷于盘旋不进状态，都成了刻板文章，无复创造可言；其能代表这大生活活泼创造之势，而不断向上翻新者，现在唯有人类。故人类生命的意义在创造。❸

这是一段非常精彩的见解，从宇宙进化之创造过程，推演到人类生命的意义在创造。梁漱溟接着讲到：为什么人类能够充分具有这大生命的创造性呢？就因为人的生命中具有智慧。亦就是能够进行创造的那副才质。

生命意味着创造。人类正是通过自身自觉的创造性实践，摆脱了动物的

---

❶ 刘仲林. 古道今梦：中华精神第一义　新精神 [M]. 郑州：大象出版社，99，149.
❷ 张岱年. 张岱年全集（第1卷）[M]. 石家庄：河北人民出版社，1996：370-371，393-394.
❸ 梁漱溟. 梁漱溟全集 [M]. 山东人民出版社，1989.

必然王国束缚，迈向必然王国的彼岸：人的自由王国。正是由于就有了创造这种宝贵的能力，人才发现和明确了自己生存的本质。

4. 动的"天人合一"

"天人合一"是中国传统哲学的一个基本命题，其思想源远流长。传统哲学所讲的天人合一，是一种静态化的天人合一。张岱年提出：人生之鹄在于"动的天人合一观"。

人通过自觉的加入自然创造之历程中，改变自然，参赞化育。人的创造亦即是天的创造，人改造自然亦即是自然之自己改造；人克服天人之矛盾以得和谐，亦即是天自克服其中矛盾以得和谐。❶ 儒家思想认为人性本于天道，人性的完美要体现在"成己"又"成物"的过程之中。按照《中庸》的说法，"成物"的最高境界是"赞天地之化育"，也就是帮助自然万物健康活泼地发展。《中庸》曰："中也者，天下之大本也。和也者，天下之达道也。至中和，天地位焉，万物育焉。""唯天下至诚，为能尽其性；能尽其性，则能尽人之性；能尽人之性，则能尽物之性；能尽物之性，则可以赞天地之化育；可以赞天地之化育，则可以与天地参矣。"

由上述分析，"动的天人合一"观的核心是人自己的创造实践活动。天地万物是不断进化、不断创造的结果，人需要自觉地加入自然创造的过程中去，认识并改造自然，使之合于人的目标和理想，将创造的不自觉性升华为自觉的创造。人以自己的创造响应自然的创造，从创造过程中来，再回到创造中去，达到天人和谐的境地，体验到动的天人合一的真谛。

5. 天行健，君子以创造不息

美籍华人创造学家郭有遹将"生生"的思想用于创造学理论，重新定义了创造："创造是个体或群体生生不息的转变过程，以及智情意三者前所未有的表现。其表现的结果使自己、团体，或该创造的领域进入另一更高层的转变时代。"❷ 这个定义的独到之处是把创造的含义与《易传》生生不息的思想紧密联系起来，使传统与现代"接榫"，古枝生出新芽。郭有遹指出："易经以一阴一阳相生相克之理解释宇宙万物演变之现象，又以'生生之谓易'解

---

❶ 张岱年. 张岱年全集（第1卷）[M]. 石家庄：河北人民出版社，1996：370-371，393-394.
❷ 郭有遹. 创造心理学 [M]. 台北：正中书局，1983，7，1.

释万物演变之基本道理。可见易经中所谓之易亦含有创造之义。我们不妨将'天行健君子以自强不息'改为'天行健君子以创造不息'以符合生生之谓易的原旨。"❶ 他特别强调了创造在世界观和人生观转换中的意义，这正是创学的着力点。

把《易传》的生生思想提升到创造的高度来把握是中华传统文化向现代转化的关键点，并以此为核心来探索中华新文化理论体系的建设。在这种思想指导下，实际上已经把天、地、人都看成了创造的过程。❷

9.4　创学理论体系的建构

1919年五四新文化的大论战是从科技与人文（即科玄论战）开始的，其深层是西方现代科技文化和中国传统思想文化的论战，90年以来，虽然论战的形式和口号不断在变化，但论战的主旨没有变。五四"文化大地震"已过去的90年里，辩论和批判旧的文化有各种各样的形式，但遗憾的是，新文化的建设还不够。把势不两立的两大文化论战，转化为兼容并蓄的文化创新建设是当今新文化建设的关键所在。

不立不破，创学的使命不仅是捅破传统文化的窗户纸、实现传统文化向现代的转换，最根本的是要克服非此即彼的偏执心态，从古代开始，结合当代社会生活实际以及时代精神，将具有东方神韵和中学标志的创造观与西学创造观融会贯通，建设第三种文化——"创学"新文化。中西创造观的会通将是21世纪中国文化与西方文化、科学文化与人文文化、现代文化与传统文化会通的先声。❸

9.4.1　以"创"为核心，加强传统与现代的接榫

文化创新建设，还需要回到中华文化中寻求出路。将现代科学思想与古

---

❶ 郭有遹. 创造心理学 [M]. 台北：正中书局，1983，7，1.
❷ 刘仲林. 关于中国"创学"建设的思考 [DB/OL]. http://blog.sina.com.cn/s/blog_49e84c19010004g2.html.
❸ 刘仲林. 中国需要重大文化创新 [J]. 创新科技，2011（2）.

老的中华传统思想结合,既产生了"当代新道家",也产生了"物理学之道",使科学与人文、东方文化与西方文化双方受益,这是一个很精彩、意义深远的"对立"变"融会"的探索案例。

目前中国的创造哲学理论还处于相当长的追赶阶段,重移植、轻独创成为目前中国创造学的总体特征。从现实看,这是合理的、必然的,从未来来看,这只是一个阶段,是创造学为寻找自己的"根"而做的准备。刘仲林教授长期以来致力于寻"根"的独创性研究,这是中国创造哲学或创造学未来发展的"原点"。要真正寻到"根",还要返回到中国的传统文化。

创造乃中华新精神之本,从什么时候开始,你发现自己与世界生生日新?你发现了天人之创,中国现代文化就诞生了。❶ 中国传统文化的积极精神突出体现在《易传》的"富有之谓大业,日新之谓盛德,生生之谓易"的生生日新思想中。张岱年指出:"世界是富有而日新的,万物生生不息。生即是创造,生生即不断出现新事物。"中国传统文化在观念、理论、方法、灵感等方面都对创造过程发挥着重大的启迪或实用功能。可以用以下三句话概括中国文化的基本精神:

天行健,君子以自强不息。(乾卦),代表一种求"新"的精神。

地势坤,君子以厚德载物。(坤卦),代表一种求"和"的精神。

天地交,君子以辅相天宜。(泰卦),代表一种求"生"的精神。

通过科技创新的内在历程和外在社会实践研究,凝练出富有科学精神和人文精神的中国新文化价值观和思维观,实现传统与现代会通,推进中华民族精神的升华,乃为创新文化建设的首要任务。

9.4.2 以"创"为进路,推动科技与人文的融合

也许会有学者认为,研究创造学必须遵循科学原则,我们也应该看到,创造学不同于纯粹的自然科学,它本身有着很浓厚的人文精神。创造实践是一个动态社会过程,体现着科学精神和人文精神高度和谐的统一,真善美一体化的过程。科技精神和人文精神单一方面不可能构成完整的创造过程。西

---

❶ 刘仲林. 古道今梦:中华精神第一义 新精神[M]. 郑州:大象出版社,99,149.

方创造传统正是把科技与人文当作两股道，导致了创造方法、创造观念与创造精神上的分野，结果，也由此引起了真与善的分离、事实与价值的断裂、伦理与实际生活的背离。现代科技引发灾难的客观现实提示我们，现代科技方法需要更多的人文关怀，和谐的世界需要科技与人文的融合，才能达到"殊途同归、道法自然"，否则有可能"黄钟毁弃、瓦釜雷鸣"。

物质+精神=生（在创学观念中：生即为创），创造过程中人文精神的建构旨在于在将技术成果、创造产品、专利和所产生的思维研究、认知都看作是创造性过程的全部，重视创造性的人本身。

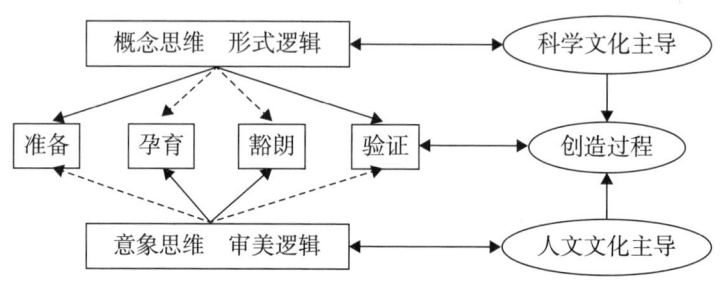

图9-1 创造思维中科技与人文的融合

从创造的微观心理过程来看，科学文化在创造过程中对应的主导思维是概念思维、形式逻辑，这在创造四阶段的准备和验证阶段表现得更为明显，图9-1中用实线表示；而在孕育和豁朗阶段，表现不十分明显，用虚线表示。在创造过程中人文文化对应的主导思维是意象思维、审美逻辑，在创造四阶段中的孕育与豁朗阶段表现得更为明显，用实线表示；而在准备和验证阶段，表现不十分明显，用虚线表示。从上述分析可知，在整个创造过程中，创造个体无论是对用到的隐性知识贮备，还是所运用到的创造思维，都需要科学与人文的相互融合，只有具备了良好的科学人文相融合的知识背景，才能在创造过程中随时调用自己的隐性知识贮备，运用创造性思维，解决瓶颈问题，突破难题，走向成功。而渊博的人文社科知识和深厚的人文素养，在科学研究过程中，可以激发意象逻辑思维的产生，如灵感和顿悟等。这些在科学发现和技术发明过程中有着独特的、不能替代的重要作用。针对美国杰出数学家的调查结果表明，几乎所有的数学家在思维过程中都避免使用语言，甚至避免使用代数符号去写出来，而总是运用模糊的意象思维。现代脑科学研究成果也表明，非言语形象化的右脑意识功能恰为创造性思维活动的关键。人文文化教育可以促进右脑功能的发掘，提高人的形象思维、直觉思维的能力，使其更具有创造性。纵观人类科学技术发展史，许多重大发现和发明都离不开自觉、灵感和顿悟，它们的产生往往是思考者在无意识心理状态下受外界信息刺激的结果。而使科学文化与人文文化交融，有助于提高人的敏感性和自觉洞察力，这些都利于产生灵感和顿悟，对创造实践也是不无裨益的。

从创造方法的角度理解创造性活动，应该遵循一定的科学方法。因为人类在长期的创造活动和科学研究工作中，形成和积累了具有成效的行为规则、法则，所以，强调人的行动要受科学方法的指导是十分合理的。但仅仅强调这一点是不够的，知道运用科学方法从事创造性活动，只是外在的方法，更需要掌握制约方法的基础理论和基本原理，即为何要采用这样的方法，并把这些外在的方法转化成人内在的觉悟和境界的提升。另外，科学方法能告诉人们达到一定目的手段，却不能告诉人们应该追求什么样的目的。总的来说，在创造方法的应用过程中，也需要把科学精神与人文精神相结合，才能真正有助于保证方向的正确。❶

同样，在创造过程中，对成果的检验，也主要有形式逻辑标准、实践标准和审美标准。在检验过程中，逻辑、实践和审美标准互相补充，促进创造的初步成果向明晰成果转化。其中，逻辑和实践标准主要是以科学文化为基础，审美标准主要是以人文文化为基础，三个检验标准的背后是科技与人文的相融。在这三个标准中，形式逻辑标准和实践标准更多的对应着科学文化，而审美标准更多的对应着人文文化，在检验创造成果的过程中，科学与人文融合在一起，相辅相成，共同完成对创造成果的检验。❷ 如图9-2所示。

---

❶ 舒志定. 创造活动论［M］. 长春：吉林人民出版社，2003：266-276.
❷ 毛天虹. 创造学视野下的科学文化与人文文化的交融［J］. 科学对社会的影响，2007（4）.

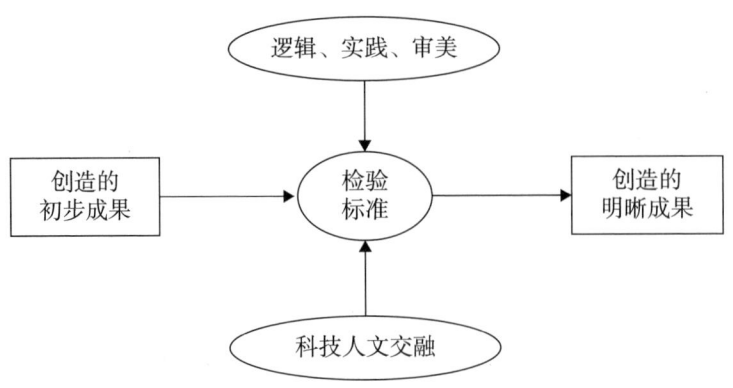

图 9-2 创造成果检验中科技与人文的融合

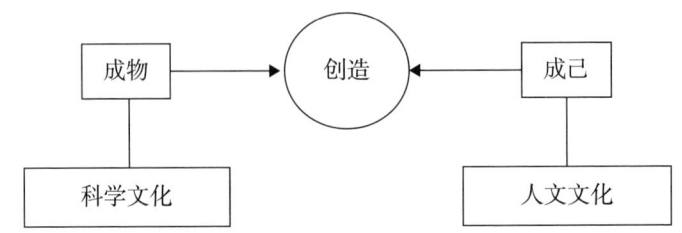

图 9-3 创造境界中科技与人文的融合

从创造境界来看,真正的创造是"成物""成己"相结合的,如图 9-3 所示。成物是物质的层面,主要对应着科学文化,而"成己"是创造过程中创造主体的整体创新素质和能力提升,"成己"更多的对应着人文文化,重在创造价值的蕴涵和创造境界的追求,而这种创造境界的提升是需要科学与人文相融的。因此从创造境界来说,科学文化与人文文化也应当是交织在一起的。❶ 从整个创造过程来看,每一个环节都需要科学文化与人文文化的交融,因此,以"创"为进路,是推动科技与人文融合的很好途径,以"创造"为纽带或许可以建立斯诺先生所期望的真正的"第三种文化"!

9.4.3 以"创"为追求,促进中西创造观的会通

中西差别,古今不同,原因十分复杂,然而从发展的角度归结为一点,

---

❶ 毛天虹. 创造学视野下的科学文化与人文文化的交融 [J]. 科学对社会的影响,2007(4).

就是"创"上的差距。❶ 西方创造理念侧重对外在事物的以及其客观规律的追求，东方创造理念侧重追求主体的内在觉悟与身心境界。现今，东西方创造智慧的大门已经洞开，期待着建立两个世界的连接点，以促进相互之间的进一步会通。这种会通不是仅仅靠引进西方几个创造技法而能达到的，它需要的是中西思维方式和创造观念的交融，需要发挥各自的思想优势，弥补对方的弱点，相互推助，形成新的整体的研究范式，以促进当今创造实践活动的和谐发展。正如庄子所说，"不同同之之谓大"，中西创造观在今天之真正的发扬光大，不是体现在对各自不同观念的守护里，而是应以"不同同之"的方式体现在双方相互补足、相互融合之中。

1. 思维方式交融

古人云："刚柔相推，变在其中矣。"（《易传·系辞下》）从某种意义上说，中西创造观的会通，正是蕴含在一刚一柔两种基本思维方式的互推互动之中。

现代西方创造方法严谨、精确，强调理性；中国创造传统强调悟性；现代创造活动中，如果东方悟性思维和西方理性思维在创造活动中交织辉映，协调发挥应有的作用，那么坚持科学理性就不会同创造悟性发生实际上的冲突。因此，创造主体应该自觉地把握创造悟性与创造理性各自的适用范围，使其相互促进而不是相互排斥。现代西方技术哲学在解读创造活动的认知模式方面，遇到一定的困难，因为创造活动过程本身包含了相当多的直观体验和体悟的环节。其中涉及相当多的意会知识，用传统的逻辑分析和认知框架是难以解释清楚的。中国文化背景下的创造哲学在解读意会知识方面有着明显的优势，但需要从现代创造理论发展的实际情况出发，重新诠释中国传统的创造思想，超越伦理道德的思想局限，改变创造主体的知识结构和能力，形成既具备理性层面的严格和准确，又具有悟性灵活、和谐、富于智慧的优点。❷

---

❶ 刘仲林. 中国新哲学宣言［A］. 中国哲学大会会议论文, 中国社会科学院, 2004.
❷ 王前. "道""技"之间——中国文化背景的技术哲学［M］. 北京：人民出版社, 2009.

表 9-1　东西两种思维的特质

两种创造的特质	西方创造过程	东方创造过程
知识类型	言传知识	意会知识
思维方式	概念思维	意象思维
物我关系	主客二分	物我合一
主导脑半球	左半球	右半球
追求目标	成物（外学）	成己（内学）

2. 东西创造观的特质

西方较为注重外在事物发展的客观规律和对经济利益的追求，东方则较为关注创造主体的内在感悟和身心境界的提高。这两种不同的侧重，也鲜明地反映在创造学的理念和发展方向上。

西方创造学，严格讲是创造工程学，是以开发创造力为中心，以普及创造技法为重点，侧重于发明创造的物质成果及其产生的经济效益，具有较强的功利主义指向，是现代市场经济的产物。西方传统创造学讲究技法，追求实效，忽视了注意创造者本身的精神状态和心灵境界，有见物不见人的片面性。我国引入的创造学，基本上沿袭了西方创造学的特点。大多创造学著作停留于介绍创造技法，层面，以至于提到创造，人们联想到的就是专利、物质成果和经济利益。

东方创造观的核心问题，借用孟子的话来说，"学问之道无他，求其放心而已矣"。（《孟子·告子上》）孟子讲的求放心，是求仁爱之心，而创造之道所寻求的是迷失的创造本心。换句话说，创造之道没有别的什么，也不过是把那失去了的创造本心找回来罢了，亦即实现创造主体本性之自觉。这即是东方创造观的特质与特色。石涛《画语录》云："夫画者，从于心者也。"这和禅家学禅似乎是相同的问题——问题在于心。如果解决了本心的问题，那么创造也参透了，绘画的境界也就能达到了。画从乎于心，"不违其心之用"（《画语录》），顺从内心自在的方向，才能达到真、善、美的极致。禅从内心求，画从内心求，创造也是从内心得。

任何一个创造，都有成物与成己两面，也称之谓外面的创造和内里的创造。以提升创造境界、觉悟创造人生为目的的内里的创造，是中华传统文化为背景的东方创造学的优势所在。借用中国传统语言,就是西方创造观偏重"成物"(即注重创造的成果),并由此构成其特质和特色。以东方文化为背景的东方创造偏重的是"成己"(即注重身心境界和自我的完善),而不是"成物",如 L. F. 奥奇所说,"创造的产物是你。"(《激发创造力》)

我国传统创造观过去坚守传统文化,一味强调"成己",而排斥"成物",忽视了对科学理性、创造客观规律的探寻,直接影响了我国科学技术的进步,导致生产力水平低下。而在强调科技是第一生产力的时代,我们却又顾此失彼,反过来极为重视"成物"为目标的创造,而忽视了人的内在的"成己"的创造,从一个极端走到另一个极端,这种偏执的态度使现代中国走入了另一种潜在的困境。人类靠科学技术所创造出的物质财富,过着地球上的任何一种强大的动物都无法比拟的奢华的生活。但同样不言自明的是,在科学技术控制下的以成物为目的创造实践活动,日益将人与世界卷进形式逻辑与机械化过程中。而且这种非精神化,使人与世界进入虚无主义的时代。由此可见,现代创造理论对中国传统的创造思想,特别是梁漱溟等所提出的创造有"成物"和"成己"两个方面的观点却没有引起足够的重视。这不能不说是一个遗憾。

3. 东西创造观的会通

中国文化和西方文化、人文文化与科学文化会通的第三种文化探讨已被提上了一个新的层次。在中国当今的现状,"很难想象不真正懂得现代西方科学思想,可以在现代科学研究中创新突破,可以赶上西方先进水平;同样难以想象不懂中国传统科学思想,可以在二十一世纪创造中国科学的新时代。"❶

日本学者岸根卓郎在《我的教育论》(1998年)一书所指出的,宇宙的基本法则是"两极对立的法则"。根据这一两极对立的宇宙法则,人类被不同地创造为左脑发达(适合于认知物质世界的脑)的左脑型西方人和右脑发达(适合于认知精神世界的脑)的右脑型东方人。所以,对人类而言,灵活地运用这种"脑的差异"的教育,才是"真正的教育"。他主张,未来东方的新型教育模式,必须发扬东方独特的崇高的教育理念,实现"东方特色的教育",而决不应陷入西方教育的习癖之中。在东西方文化会通的创学思想的指

---

❶ 王悦,张勤,张劲. 科学思想与创新素质 [M]. 上海:上海科学技术出版社,2003:16.

导下，我们不能只重视对"物"的改变，而忽视对人的改造。

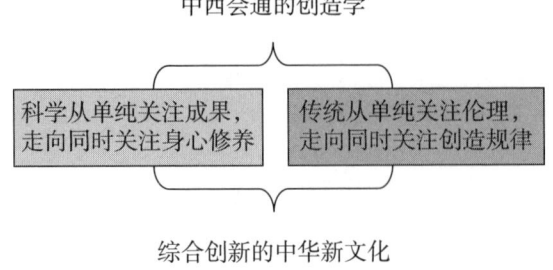

图 9-4　创学新文化建设

刘仲林教授给出中西文化背景下的创造学一个新界定："创造学是一门研究创造规律、开发创造潜能、提升创造境界、觉悟创造人生的新兴交叉学科。"这是中西结合的创造学，既重视"成物"，重视"成己"。即不仅要从事物质财富的创造活动，更要注重精神财富的创造活动，在改造对象世界的同时，也在改造主观世界、社会关系，促进社会精神文明的不断进步。西方竞争背景下的创造曾被康有为痛斥为是一种恶性的发展。因而，要拒绝以一种纯功利性的需要去引导创造活动，相反，创造活动是不断完善自身的过程，达到实现人的全面发展的目的。

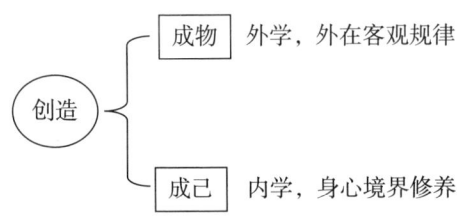

中西会通的创学是建立在创造实践基础上的"内学"与"外学"的统一（如图9-5所示）：是追求向外的成物与内在成己的融合；是创造过程规律之道与境界之道的融合；是逻辑分析方法与整体体悟式的结合；是言传性知识与意会性知识的结合；是求知与求智融合；是有法与无法而法的融合。"成己"于内，"成物"于外，内外结合，人只有在"成己""成物"的实践活动中，在"参赞化育"的过程中，才能表现出人的主体性，也才能实现人与万物的和谐一致，方能达创造之道。"创造之道"是一个良性的发展，引导人们

从不自觉到自觉,实现内心创造的觉悟。

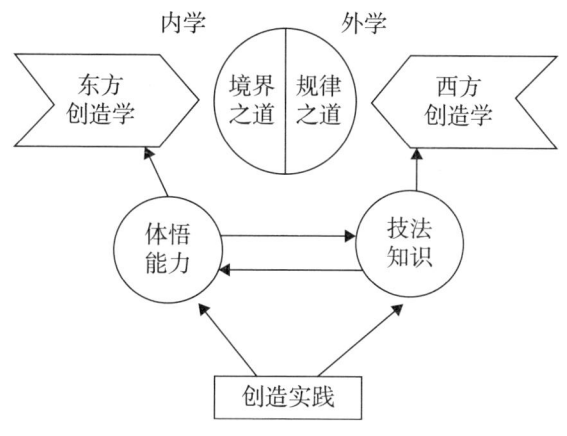

图 9-5 中西创造观的会通

9.5 创学指导下的 TRIZ 理论本土化过程探索

　　TRIZ 起源于苏联,流行并发展于欧美,被西方国家誉为"神奇的点金术"。TRIZ 理论在西方国家的传播过程中得以发展并形成了自己的流派:德国的研究者对 TRIZ 作了最大程度的扩充,并形成 WOIS 理论(为解决技术问题而构建的创造力和技术创新战略)、PI 理论(以问题为中心的发明方案)和 MIS 理论(面向市场的创新战略)等;苏联 TRIZ 专家 Tsourilov 博士移民到美国后创建了 IMC(Inventive Machine Corp)模式,把 TRIZ 理论与软件开发和人工智能技术相结合;移民到以色列的 TRIZ 专家 Filkosky 为简化 TRIZ 使其以被更多人接受而创立了 SIT(Systematic Inventive Thinking)模式。20 世纪 90 年代起,中国大陆就有少数科研人员和学者逐步了解和接触到 TRIZ,并开始了自发的研究。自 2001 年 TRIZ 理论培训被正式引入了中国后,TRIZ 理论也得到我国各界的高度重视,并在中国得到快速普及和发展。经过 10 年的探索与实践,TRIZ 在中国的传播工作进入了繁荣时期,现已形成政府、企业、科研机构、教育系统、科技中介机构等紧密协作的 TRIZ 推广模式。在总结 10 年成就时,TRIZ 理论"后 10 年"发展问题则亟待深入思考。

TRIZ创新理论的推广不仅要与需求相融合,更要加强其自身理论建设,发展并构建基于本土社会特质的理论,以促进理论的深化和发展。

9.5.1 TRIZ 理论的中国本土化思考

自 1999 年第一篇 TRIZ 论文发表以来,10 年来 TRIZ 在中国学术界引起了极大的关注。论文数量呈现逐年递增的发展态势(见图 9-6 所示,截止 2010 年 4 月)。❶

图 9-6 大陆 TRIZ 文章近十年递增的发展态势

TRIZ 理论在国内的研究和发展就像技术系统进化的 S 曲线一样,经历了诞生期,进入成长期。但从研究内容上,按学科分类进行统计,TRIZ 论文主要集中在工业通用技术及设备、机械工业、企业经济、计算机软件及计算机应用等领域,涉及 TRIZ 在具体学科和领域的直接应用研究占总论文的比例达 90% 以上,而对于理论本身的建设和纵向深化发展的研究较少。创新方法的传播与推广是一项长期性的、创造性的工作,从文化和创造的视角对 TRIZ 理论进行本土化分析,以加强创新方法的理论建设,对于 TRIZ 理论在中国的深入发展具有深远的意义。

所谓的"本土化",按照学者的解释,一方面是指"按照本民族的特质而发展",还指"与本国(本民族、本地区)的政治、经济、文化、历史传统以及风俗习惯等密切相结合。历史和现实反复证明,不论何种层面的文化或

---

❶ 常爱华,许静等. TRIZ 在中国大陆传播的现状分析 [J]. 科学学与科学技术管理 2010 (8): 79-83.

具体文化模式，只要是域外文化，必定要经历一个与本国的各种文化要素相互交融、对接调适的本土化过程，才可以深深植根于本国土壤之中而充满生机与活力。

在TRIZ的推广中，为与"本土需求"相融合，国内一些专家做了极具探索性的工作，集中表现在：(1) 将"TRIZ"这一词语翻译为"萃智""催智"或"萃滋"，既有其发音的中文谐音，又表明它本身的来源是萃取了前人的创新智慧而得到的理论，即有汇集前人经验，增添士人智慧之意。(2) 采用本土案例，精心选择中国科技史上的发明创新案例和大家熟悉的历史故事，以这些中国读者耳熟能详的故事来诠释TRIZ的精妙之处。❶ 利用中国化的名字和中国古代发明创造的案例来对TRIZ进行本土化的解析，在一定程度上消除了舶来品的陌生感，内容上感到贴近自身和富有亲和力，降低了TRIZ的学习门槛，取得的较好的效果，有利于把外来理论直接应用于本土社会。但任何外来理论要在本土发扬光大，还需要根据本土社会的特殊性对外来理论做出补充、修订和否定。通过补充、修订，使理论变得更为全面，并适应于本土传播。因此，要想实现从引进模仿阶段向超越和创新的飞跃，必须加强TRIZ自身理论建设，构建基于本土社会的理论。

随着TRIZ理论和实践的发展，TRIZ本土化的深入发展越来越引人注目。TRIZ理论的"本土化"工作不能一蹴而就，在战略上，需要和中国文化和哲学相融合，充分发挥我们东方思维之特长；在战术上，须固本培元，集TRIZ理论与传统创造技法于一体，走一条传统和现代相协调，东方与西方会通的具有本土特色的创新理论发展之路。

9.5.2 TRIZ与传统创造技法的结合

自TRIZ舶来品进入中国以来，创造学界出现了两种倾向：一种是坚持原有创造技法的地位，对TRIZ始终持观望态度；另一种则极力推崇TRIZ，并以"最神奇、最实用、最有效"冠之，全盘否定传统创造技法。实际上，创造学自20世纪80年代引入中国以来，创造技法一直为创造学领域研究的热点，近30年的历史，创造学的传播和发展已经历了引进消化、推广培训（1980—

---

❶ 赵敏，胡钰. 创新的方法[M]. 北京：当代中国出版社，2008.

1985）阶段，应用开发、成果展示阶段（1985—1994），并进入独立研究发展，形成学派的阶段（1994—现今）。❶ 中国创造学已经得到深化和发展，并取得了丰硕的成果。在这种大背景，TRIZ 理论作为一种现代的创新方法，其推广过程不能完全摒弃传统创造技法，而应汲取传统之精华，扬长避短。

自 1941 年奥斯本发明了世界上第一种创造技法以来，现常用的技法有上百种，广泛应用于社会各领域。国内对传统创造技法的分类方法也不尽相同，刘仲林教授把创造技法分为组合系列、联想系列、类比系列和臻美系列。相对于这些传统的创新方法，TRIZ 理论不仅成功地揭示了创造发明的内在规律和原理，并提出了一种类似于数学解题的 TRIZ 创新模式，即先把一个具体的问题转换为 TRIZ 标准问题，然后利用 TRIZ 体系中的理论和工具方法获取 TRIZ 的通用解，最后将 TRIZ 通用解转化为具体的解决方案，具有较强的可操作性。但 TRIZ 理论和传统技法并不是完全割离的，在利用 TRIZ 工具从抽象的解决方案模型到具体的解决方案的过程中，传统类比、组合、联想等思维和技法都是不可或缺的关键环节。下面以类比方法为例来进行说明：TRIZ 解题思路主要是通过类比抓住问题对象与所提供的创新原理在某些本质属性方面的相似性，再根据所要解决问题的特定条件，利用已取得的成功案例或 TRIZ 庞大的知识库中的类似问题，把陌生的对象和已知的对象相比，把未知的东西和已知的东西相比，求解应用于领域问题的解决，提出解决问题的具体方法。四十个创新原理作为 TRIZ 工具的核心，可以作为一种通用模板应用于任何问题或任意领域。但是在运用过程中，创新原理往往会表现出感知的复杂性，这种复杂性的根源就在于"所写的东西"和"所表达的东西"之间存在戏剧性的差别❷。只有在利用类比的方法来使用这些创新原理的时候，这些模板才能发挥作用，这就需要运用类比方法来提升对创新原理的理解，这同时也提示我们 TRIZ 的"本土化"过程不能完全忽视传统的创造方法的地位和作用。

近年来，常有学者提出这样的问题：TRIZ 不仅可以创造性地解决工程技术问题，也可以创造性地解决各种各样的非技术问题，如此优良那为什么不

---

❶ 甘自恒. 创造学原理和方法——广义创造学 [M]. 北京：科学出版社，2003：17-19.
❷ 根里奇·阿奇舒勒. 实现技术创新的 TRIZ 诀窍 [M]. 哈尔滨：黑龙江科学技术出版社，2008.

是每个人都使用它呢？这与 TRIZ 本身的客观原因有关，那就是其体系复杂，内容繁多，以至于全面学习和掌握它需要花费相当长的时间。正是由于其复杂性，对于刚刚学习过 TRIZ 课程的公司员工而言，很难在自己工作的领域内自觉有效地利用 TRIZ 解决问题，而 TRIZ 专家成为其他技术部门的专家也不是那么容易。传统的创造技法虽难以解决复杂的问题、难以解决设计中遇到的障碍，却容易掌握、易于普及，能产生大量创新设想。因此，要想让 TRIZ 由专家走向大众，向大众普及，可以充分借鉴传统创造技法之优势，把过于庞杂的 TRIZ 体系分解为若干类型的方法，简化 TRIZ 的方法、工具和应用程序，用尽量少的语言将各自的精髓予以总结，并将这一精髓用传统语言来命名，以便可以顾名思义，利于人们花费相对较少的时间即可把握其本质，这对于 TRIZ 的教授和学习具有很大的帮助。

9.5.3 TRIZ 与中国传统文化的会通

TRIZ 理论起源于苏联，盛行于欧美，中西方传统文化与思维方式都存在较大差异。只有充分发挥中国原有文化的内在精神，才可以更好地吸收外来文化以滋养本土文化。正如费孝通先生所说："在和西方世界保持接融、积极交流的过程中，把我们的好东西变成世界性的好东西。首先是本土化，然后是全球化"；(《从反省到文化自觉和交流》，《费孝通文集》第十四卷，群言出版社) 这就是说，在吸收外来文化的时候，必须维护我们自身文化的根基。❶ TRIZ 不是万能的，关键在我们如何去继承和发展 TRIZ 理论思想，核心在于发展，在于其本土化的发展，在于怎样让这个舶来品在中国的土壤中去成长！而这些工作必须脚踏实地不能急于求成。要充分发挥我们的东方思维的特长，让 TRIZ 与中华文化相融合，抛弃我们的固执和偏见，创建中外融合的、理实交融的、具有中国特色的创造学大舞台。

1. TRIZ 理论与中国传统思维特长的融合

其实，TRIZ 理论并非只从技术上着眼，而是高屋建瓴地从哲学思维上着眼。它的精髓不存在于一些极富操作性的创新的工具当中，而是存在于更深层次的哲学层面之中，即提出以矛盾解决为核心标志的崭新的辩证式创新观。

---

❶ 汤一介. 论新轴心时代的文化建设 [J]. 探索与争鸣, 2004 (1): 2-3.

TRIZ 的核心是解决工程领域的各种各样的技术矛盾和物理矛盾，而技术矛盾来自于物理矛盾，技术矛盾的进一步激化就可以上升为物理矛盾，换言之，在每对技术矛盾的核心下面都隐藏着一对物理矛盾。TRIZ 理论对待矛盾不是逃避、不是折中或者妥协，在解决物理矛盾的四大分离方法上，是通过对整体或局部在空间和时间上的分割或对立，来打破折中来解决矛盾，获得最终理想解。

TRIZ 其解决矛盾的思维方式与中国传统哲学中的辩证思维方法虽不同，但其解决矛盾的最高追求"最终理想解"和中国传统文化思想有相似之处。最终理想解是一种终极状态，是矛盾消长到一定的程度时事物发生质的飞跃后形成的新的和谐统一体。中国传统文化重和谐与统一，与其相应的中国哲学发展了一种中国特色的辩证法。它主张把矛盾做统一体的固有内容来把握，同时又主张把统一与和谐作为矛盾的本来根据来把握。北宋哲学家张载说："太和所谓道，中涵浮沉、升降、动静相感之性。"张载认为所谓道就是太和，这所谓太和是至高无上的和谐，这种和谐不排斥矛盾的、相反、沉浮、升降、动静等对立与对立面之间的相互作用。中国的辩证法对待矛盾的解决方案不仅仅是矛盾在不同条件下的相互转化，而是通过矛盾双方的共融来吸收、同化和超越，使对立面相反相成、和衷共济，其最终落脚点是浑然一体的"一"，里面蕴含着"太和"的含义。

中西辩证法各有所见亦各有所蔽，应综合二者之长，利用中国的辩证法化解西方人意识上的尖锐问题，更利于人们有序地解决技术中的物理矛盾问题。

2. TRIZ 理论与中国传统创造观的融合

TRIZ 实现创新的最高追求是最终理想解（Ideal Final Result，IFR），即任何技术系统在进化中倾向于变为越可靠，越简单，越有效、理想化。TRIZ 理论中的 IFR 是创造成果的最高物质形态，是"成物"层面的最高追求，是外在的、静态的。而"成己"是内里的创造，是内在的、本质的方面。中国创造学所关注的核心问题是创造之"道"，"创造之道"是创造者在创造实践中对创造技法的超越而达到的一种境界，是"成己"层面的最高追求。只有把握了创造之道，才把握了创造的本根。

图9-7所示的"中国创学求道图"❶和图9-8所示的"TRIZ创新求'道'图"反映了着眼点不同的东西方创造观。西方着眼创造可说可授的创造规律和精细的技法层面,目标在于"成物";东方着眼创造的不可说不可授的本质,以"创"为核心,通过体悟天人的创造历程,达到道的人生最高境界。东西方创造观各自的优势也正是对方彼此的缺陷,只有这两方面相辅相成,才能形成完整意义的创造。在TRIZ本土化的进程中,在加强人之"外面的创造"的能力的同时,也要关注人之"内里的创造"方面,只有"成物"与"成己"相结合,聚中西创造之精髓,方能达综合创造新境。

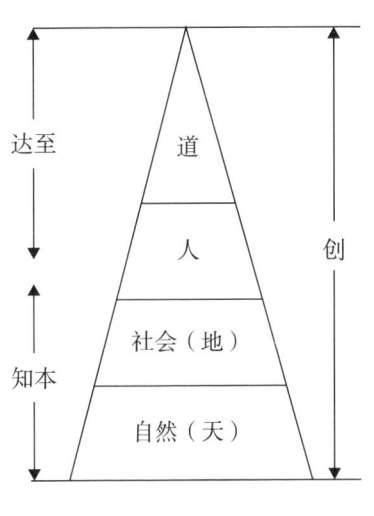

图9-7 中国创学求道图

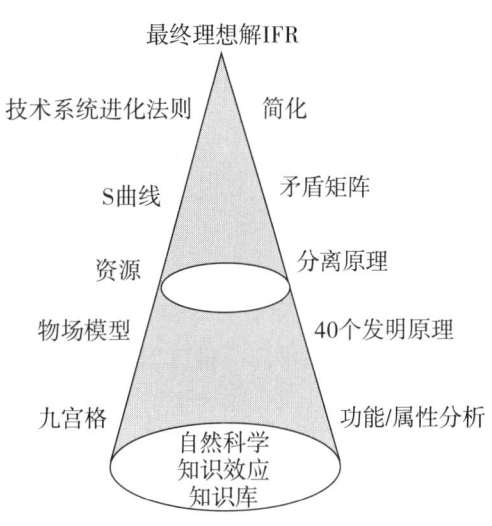

图9-8 TRIZ创新求"道"图

在TRIZ本土化的推广普及中,通过TRIZ与传统创造技法以及东方文化的融合,创建本土特色的理论,这既是东西方创造学的互惠,也是传统创造学与现代创新方法的际遇。

---

❶ 刘仲林. 中国创造学概论[M]. 天津:天津人民出版社,2001.

9.6 创学未来研究展望

"创学"既是现代创造哲学的奋进的终点,也是现代创造哲学研究的新起点,当前创造哲学研究中,西方哲学因素多,中国哲学因素少;静态历史因素多,动态创造因素少;细节性研究多,整体性研究少。本书借鉴刘仲林教授的"大创造观"构想,以"创学"为引领,创建传统和现代会通、科技与人文会通、东方与西方会通的具有本土特色的创造过程理论。而创学理论的建设和实践,是在中华民族经济、文化、政治三大转型的背景下展开的,我们不应以把西方的创造学理论搬用到中华大地为满足,仅仅拘泥于细节或实证性应用;而应在中华经济、文化、政治变革的互动中,从跨学科的大视野,推进创造学理论的创新探索。创学理论的建设是一项艰巨复杂的系统工程,不能浮在简单化、形式化的表层,在这一宏伟的工程中,创造观念的变革是一个核心问题。

9.6.1 动态平衡:推进创学理论整体平衡发展

动态平衡,推进创学理论平衡发展,有两层含义。一层是从创造过程本身而言,另一层面是从中西会通的"大创学"建设而言。

人类创造性活动过程本身包含创造主体的思维和精神、创造客体的规律和认识,创造成果与价值追求等方面。过去对创造的认识,常常只从创造的结果方面理解,似乎忽视了创造主体的精神境界、思维过程、实践方法等,结果我们看到的是静态的、纯形式逻辑表述的创造,而不是动态的、充满活力的实践创造。随着创造学、创造认识论、创造方法论、创造心理学、创造境界说论等领域发展,一个立体的动态的创造过程逐渐展现出来。而系统化的关于立体的、动态的创造过程哲学理论研究亟待进一步的深入展开。

从中西会通的"大创学"建设而言,也需要实现动态平衡发展。突破现有孤芳自赏的"小创造学"思路局限,与其他领域、学科交叉融会,构建反映"创造的时代"脉搏的"创学"理论,既是西方文化对中国文化之需要,也是我国创造学新阶段发展面临的重大挑战和契机。要实现这一使命,只靠跟踪和模仿西方创造学是不行的，必须与中国文化和中国现实结合，从深层探索中西结合的创学新框架。这种结合不是静止的、机械式的拼凑，而是追求东西创造智慧"动态平衡多维整体"的创造观。正如中国古代经典所说，"道生一，一生二，二生三，三生万物。万物负阴而抱阳，冲气以为和。"（《道德经》第42章）万事万物通过各自内部阴阳两面的对立互动，永远处于从不平衡到平衡、再由新的不平衡到新的平衡的变动之中。

由于中西方传统文化与思维方式有"共性"的成分，也有"个性"的成分。张岱年在20世纪30年代提出的"综合创新论"中就强调，要"兼综东西两方之长，发扬中国固有的卓越的文化遗产，同时采纳西方有价值的精良的贡献，融合为一，而创成一种新的文化，但不要平庸的调和，而要做一种创造的综合。"❶ 不仅着眼创造成果，更要着眼创造人生；把注重客观规律研究的"西学"，与注重身心境界修养的"中学"结合起来；发挥概念思维和意象思维的整合力量，培养有高度创造自觉和实践能力的一代新人，只有这样，我们才能真正把创学推向深入。因此，建设中西创造观动态平衡发展的创学理论，必将成为未来有中国特色的新文化理论建设目标。只有聚中西文化精髓，方能达综合创造新境。

9.6.2 理实交融：加强创学理论对实践的指导

"创造之道"来源于实践，是创造实践活动的提炼、升华与总结。要想悟"创造之道"，也必须要到创造实践过程中去体会。这就像是人们通常所说的学习游泳一样，如果仅仅是站在岸边观看、学习，自己不亲自跳下水去实践，那么也就不可能学会游泳。

反过来，"创造之道"的哲学思想对于技术创新活动起着指导性作用。也即悟道的实践必须要有理论的指导。现代科学经过了百年的发展已经积累了大量的关于不同领域的"创造之道"的认识，如果我们要想悟"创造之道"也就必须以前人的认识为基础。由于各技术领域知识的相互联系、相互渗透，技术创新研究也日益科学化、理论化，创造实践的研究越来越需要哲学思维与理论的指导。

---

❶ 张岱年. 张岱年全集（第1卷）[M]. 石家庄：河北人民出版社，1996.

9.6.3 学科交叉：促进创学理论向深里去，往高里提

创造学作为一门学科，始于 20 世纪中期，而人类的创造史亘古就有。"悠久的人类创造历史"和"年轻的、边缘化的现代创造学"形成了鲜明的对比，这里存在一个巨大的反差，尽管原因是多方面的，但创造学本身的"多学科、交叉性"是其中的一个重要原因。刘仲林说："从知识的角度，'创造'起飞需要有两翼：一是学科专业的深度，二是学科交叉的广度，二者缺一不可。只纳其一，不容其二，以一个单翼起飞，就不可能飞得高飞得远。"交叉科学是研究方法论的根本性改变，能为我们提供了解决问题新的思维方式。当前，科学的分化，学科知识的专门化正在把人们推进越来越小的生存角落，逼向越来越猥琐的生存境界。譬如，环境污染问题，它要靠环境科学、法律学、社会学以及伦理学和哲学结合起来才有利于解决，单靠科学创造方法是远远不够的。

不同学科间的交叉、渗透、融合的趋势日益增强，对于创造（创新）实践所产生的重大的社会问题单独依靠某一学科不可能解决。因此，研究创造过程理论与实践，一方面需要改变传统的各学科孤立、封闭式的研究模式，拓展广阔的跨学科的视野，不同学科的科学家的共同探索与协作，以全面认识和控制创造实践过程。另一方面，还需要进一步深化学科专业研究的深度，促进创造学理论往高处去、往深里提。

9.7 结束语

中国文化大师冯友兰先生曾说："中国文化都是'照着讲'，缺乏'接着讲'"。同样创造学理论要稳健地发展不仅要'照着讲'，还需要"接着讲"。"照着讲"就是一种传承，要把前人的思想观点和精髓吸收过来；"接着讲"就是要发展和创新，向深里去，往高里提。"照着讲"和"接着讲"协调发展，是实现创学理论在中国发扬广光大的关键。未来的"创学"建设的议题还有很多，首先应有一个大的研究变化，以适应中国文化转型的需要；加强对现代科学创造的动态过程、心理机制、思维方式、环境因素等的研究；加

强对中国哲学的"道"、意会认识、思维方式等研究。总之,应拓展以创造为核心的广义创造过程的探索,让创学受惠于传统之根,社会之境,科技与人文之果的同时,能服务于中国创新文化建设。

创学理论的建设有着高远的文化意境,其关键在如何把理论运用于百姓日常生活当中,由专家走向大众,由理论建设走向大众实践。把对"道"的关注焦点,从"宇宙本原"本体论研究转向"实践境界"的实践哲学,是中华文化和创学思想论走向"百姓日用"的关键途径。中国科学技术大学刘仲林教授创办了面向社会开放的公益性的、大众化的"中华文化大学堂",在理论上探索综合创新的"创学"之路,在实践上落实中华文化"知行合一"思想,落脚于学员的实践亲证,注重密切联系学子和大众生活、学习实际,体验创学精髓。其目标在于引导大众百姓"叩启真的心窗,探寻善的家园;追求美的境界,觉悟创的人生"。"中华文化大学堂"不仅传播中华传统文化,更传播以"创造"为核心的中华新文化,努力体现东方与西方、传统与现代、科技与人文、专家与大众的会通。

创学理论的建构工作不能一蹴而就,在战略上,首先需要与中国文化和哲学的有机结合,充分发挥我们东方思维之特长;再次是要用全球化、现代化的视野来研究;在战术上,须固本培元,集创学与传统创造学于一体,走一条传统和现代协调发展之路。

参考文献

[1] 梁漱溟. 梁漱溟全集［M］. 济南：山东人民出版社，1989.

[2] 张岱年. 张岱年全集（第1卷）［M］. 石家庄：河北人民出版社，1996.

[3] 张岱年. 张岱年全集（第3卷）［M］. 石家庄：河北人民出版社，1996.

[4] 张岱年. 张岱年全集（第5卷）［M］. 石家庄：河北人民出版社，1996.

[5] 冯契. 智慧的探索·补编［M］. 上海：华东师范大学出版社，1998.

[6] 刘仲林. 中国创造学概论［M］. 天津：天津人民出版社，2001.

[7] 刘仲林. 古道今梦：中华精神第一义 新认识［M］. 郑州：大象出版社，1999.

[8] 刘仲林. 古道今梦：中华精神第一义 新精神［M］. 郑州：大象出版社，1999.

[9] 刘仲林. 古道今梦：中华精神第一要义 新思维［M］. 郑州：大象出版社，1999.

[10] 吴冠中. 我读石涛画语录［M］. 北京：荣宝斋出版社，2007.

[11] 夏保华. 技术创新哲学研究［M］. 北京：中国社会科学出版社，2005.

[12] 傅世侠，罗玲玲. 科学创造方法论［M］. 北京：中国经济出版社，2000.

[13] 傅世侠. 创造学［M］. 沈阳：辽宁人民出版社，1987.

[14] 吴光等. 王阳明全集［M］. 上海：上海古籍出版社，2006.

[15] 郭有遹. 创造心理学［M］. 台北：正中书局，1989.

[16] 孙健敏，宁健. 创造性解决问题［M］. 北京：企业管理出版社，2004.

[17] 金马. 创新智慧论［M］. 北京：中国青年出版社，1997.

[18] 王前. "道""技"之间——中国文化背景的技术哲学［M］. 北京：人民出版社，2009.

- [19] 陈昌曙. 技术哲学引论 [M]. 北京：北京科学出版社，1999.
- [20] 王悦，张勤，张劲. 科学思想与创新素质 [M]. 上海：上海科学技术出版社，2003.
- [21] 甘自恒. 创造学原理和方法——广义创造学 [M]. 北京：科学出版社，2003.
- [22] 朱熹. 朱子语类（壹）·卷九 [M]. 上海：上海古籍出版社，2002.
- [23] 赵敏，胡钰. 创新的方法 [M]. 北京：当代中国出版社，2008.
- [24] 远德玉，陈昌曙. 论技术 [M]. 沈阳：辽宁科学技术出版社，1986.
- [25] 李醒民. 科学文化随笔丛书 [M]. 桂林：广西师范大学，2004.
- [26] 刘大春，等. 在真与善之间——科技时代的伦理问题与道德抉择 [M]. 北京：中国社会科学出版社，2000.
- [27] 陈大柔. 科学审美创造学 [M]. 杭州：浙江大学出版社，1999.
- [28] 孙洪敏. 创新思维哲学论纲 [M]. 太原：山西教育出版社，2006.
- [29] 胡敏中. 非理性，创造认识论解读 [M]. 北京：北京师范大学出版社，1998.
- [30] 田盛颐. 中国系统思维 [M]. 北京：中国社会科学出版社，1990.
- [31] 李秀林，王于，李淮春. 辩证唯物主义和历史唯物主义原理 [M]. 5 版. 北京：中国人民大学出版社，2004.
- [32] 李香晨. 进化系统辩证法 [M]. 大连：大连理工大学出版社，1992.
- [33] 北京大学哲学系. 中国哲学的诠释与发展——张岱年先生九十寿庆论文集 [M]. 北京：北京大学出版社，1999.
- [34] 颜惠庚. 技术创新方法入门——TRIZ 基础 [M]. 北京：化学工业出版社，2011.
- [35] 尤里·萨拉马托夫. 怎样成为发明家 [M]. 北京：北京理工大学出版社，2006.
- [36] 根里奇·阿奇舒勒. 实现技术创新的 TRIZ 诀窍 [M]. 哈尔滨：黑龙江科学技术出版社，2008.
- [37] 根里奇·阿奇舒勒. 创新的算法——TRIZ、系统创新和技术创造力 [M]. 武汉：华中科技大学出版社，2008.
- [38] Г. С. 阿利赫舒尔. 创造是一门精密的科学 [M]. 吴光威，刘树兰，译. 北京：北京航空航天大学出版社，1990.

[39] 彼果斯洛夫斯基. 普通心理学［M］. 魏庆安，译. 北京：人民教育出版社，1981.

[40] S. 阿瑞提. 创造的秘密［M］. 钱岗南，译. 沈阳：辽宁人民出版社，1987.

[41] 韦特海默. 创造性思维［M］. 林宗基，译. 北京：教育科学出版社，1987.

[42] 迈克尔·A. 奥尔洛夫. 用 TRIZ 进行创造性思考实用指南［M］. 陈劲，朱凌，郑尧丽，等，译. 北京：科学出版社，278-290.

[43] A. H. 马斯洛. 动机与人格［M］. 许金声，译. 北京：华夏出版社，1987.

[44] 保罗·阿本德. 反对方法［M］. 周昌忠，译. 上海：上海译文出版社，1992.

[45] 彼得·圣吉，等. 第五项修炼·实践篇［M］. 张兴，等，译. 北京：东方出版社，2002.

[46] 马丁·海德格尔. 海德格尔选集［M］. 上海：上海三联出版社，1996.

[47] F. 拉普. 技术哲学导论［M］. 沈阳：辽宁科学技术出版社，1986.

[48] W. I. B. 贝弗里奇. 科学研究的艺术［M］. 陈捷，译. 北京：北京科学出版社，1979.

[49] 波珀（Popper, K. R.）. 科学发现的逻辑［M］. 查汝强，邱仁宗，译. 北京：科学出版社，1986.

[50] W. C. 丹皮尔. 科学史［M］. 李珩，译. 北京：商务印刷馆，1975.

[51] 汤川秀树. 创造力与直觉［M］. 周东林，译. 石家庄：河北科学技术出版社，2000.

[52] 市川龟久弥. 创造性的科学：图解等价变换理论入门［M］. 东京：日本放送出版协会，1970.

[53] 李永红. 技术认识论研究［D］. 上海：复旦大学哲学学院，2007.

[54] 汪寅. 科学原始创新问题初探［D］. 合肥：中国科学技术大学，2007.

[55] 仇成. 创新问题解决理论（TRIZ）在产品设计领域的应用研究［D］. 南京：南京理工大学，2008.

[56] 毛天虹. 创造视角下的两种文化交融 [D]. 合肥：中国科学技术大学，2008.

[57] 胡敏中. 创造认识论导论 [D]. 北京：中共中央党校，1999.

[58] 袁媛. 论科学创造中的审美活动 [D]. 长沙：长沙理工大学，2010.

[59] 俞春阳. 基于专利本体的产品创新设计技术 [D]. 杭州：浙江大学计算机科学与技术学院，2007.

[60] 马力辉. 面向多冲突问题的 TRIZ 关键技术研究 [D]. 河北工业大学，2007.

[61] 王早霞. 类比在科学认知中的作用 [D]. 太原：山西大学，2004.

[62] 刘仲林. 中国文化与中国创造学 [J]. 天津师范大学学报：社科版，1998（5）.

[63] 刘仲林. 东西方创造教育的特质与会通 [J]. 教育与现代化，2003（4）.

[64] 刘仲林. 中国需要重大文化创新 [J]. 创新科技，2011（2）.

[65] 刘仲林. 科学创造性思维中的逻辑 [J]. 中国社会科学，1983（2）.

[66] 刘仲林. 创造性思维的互补结构——一种跨学科性课题的探讨 [J]. 天津师范大学学报，1984（4）.

[67] 刘仲林. 中国哲学与文化创新之源——张岱年"综合创新论"钩玄 [J]. 天津师范大学学报，2011（1）.

[68] 金丽，刘仲林. 创造观：中西哲学会通建设的新视点 [J]. 江淮论坛，2013（1）.

[69] 常爱华，许静，等. TRIZ 在中国大陆传播的现状分析 [J]. 科学学与科学技术管理，2010（8）.

[70] 汤一介. 论新轴心时代的文化建设 [J]. 探索与争鸣，2004（1）.

[71] 林可济. 对创造性思维的全方位研究——《创造的秘密》述评 [J]. 自然辩证法研究，1995，11（3）.

[72] 李铁强. 试论创造的本质 [J]. 科学技术与辩证法，1997（5）.

[73] 孙显元. 创新过程的基本要素 [J]. 理论建设，2006（1）.

[74] 衣俊卿. 论人类精神的跨世纪走向 [J]. 求是学刊，1992（1）.

[75] 张云台. 人工智能及其前景的哲学思考 [J]. 科学技术与辩证法，1995（6）.

[76] 田友谊. 西方创造力研究 20 年：回顾与展望 [J]. 国外社会科学, 2009 (2).

[77] 杨玉良. 也谈李约瑟之谜 [J]. 广东外语外贸大学学报, 2008 (5).

[78] 刘德强. 无法而法中国艺术方法论仁 [J]. 学术期刊, 1997 (3).

[79] 仉蓉梅.《苦瓜和尚画语录》美学思想探析 [J]. 内蒙古师范大学学报, 2011.

[80] 吴斌, 张成玉. 技进乎道 无法而法——石涛《画语录》中道、理（法）、技的互动 [J]. 网络财富, 2008 (5).

[81] 王前. 技术文化视野中的"道""技"关系 [J]. 自然辩证法通讯, 2010 (6).

[82] 王前. "由技至道"——中国传统的技术哲学理念 [J]. 哲学研究, 2005 (12).

[83] 王前, 朱勤. "道"与"实践智慧"：技术发展模式的比较 [J]. 东北大学学报：社会科学版, 2011, 13 (4).

[84] 李嘉曾. 创造本质的哲学阐释与创造性思维方法的哲学总结 [J]. 东南大学学报：社会科学版, 1999 (2).

[85] 高瑞泉. 论创造之价值 [J]. 开放时代, 1999 (1).

[86] 冯国瑞. 创造性思维与复杂性探索 [J]. 西安交通大学学报：社会科学版, 2006.

[87] 裴晓敏. 技术发展模式的研究 [J]. 科学技术哲学研究, 2012 (3).

[88] 裴晓敏, 刘仲林. 创造过程中的第一性与第二性问题 [J]. 科技进步与对策, 2012 (3).

[89] 裴晓敏. 工程域基于知识和本体论的技术创新 [J]. 科技管理研究, 2012.

[90] 李兆友. 技术创新哲学研究的反思 [J]. 系统辩证学学报, 2003, 11 (4).

[91] 远德玉. 技术过程论的再思考 [J]. 东北大学学报：社会科学版, 2003, 5 (6).

[92] 赵波, 陶跃华. 本体论及本体论在计算机科学技术中的应用 [J]. 云南师范大学学报, 2002, 22 (6).

[93] 元利兴, 宣国良. 知识创造机理: 认识论——本体论的观点 [J]. 科学管理研究, 2002, 20 (6).

[94] 林慧岳. 论技术创新的知识空间 [J]. 自然辩证法通讯, 2002, 24 (140).

[95] 林岳, 段海波. 基于 TRIZ 和领域本体的计算机辅助创新设计平台框架 [J]. 机械设计与研究, 2005, 21 (2).

[96] 王兴成. 评《进化系统辩证法》[J]. 系统辩证学学报, 1994 (2).

[97] 檀润华, 张青华, 纪纯. TRIZ 中技术进化定律、进化路线及应用 [J]. 工业工程与管理, 2003 (1).

[98] 张扬, 黎昔柒, 曹志平. 技术创新价值论研究的拓新之作——评易显飞的《技术创新价值取向的历史演变研究》[J]. 湖南大众传媒职业技术学院学报, 2010 (1).

[99] 陈欣, 何新华. 浅谈 TRIZ 对唯物辩证法的实用主义演进 [J]. 广西社会科学, 2009 (6).

[100] 吕巧凤. TRIZ 哲学思想探析 [J]. 黑河学院学报, 2011, 2 (3).

[101] 王黎娜. 技术创新生态化转向的哲学与现实维度探析 [J]. 科学与管理, 2011 (1).

[102] 夏劲, 刘蕊技. 技术创新价值观的反思与重建 [J]. 兰州大学学报: 社会科学版, 2012, 40 (1).

[103] 翁君奕. 多变环境中的长盛不衰之道:《老子》永续创造学说解读 [J]. 管理学家: 学术版, 2009 (3).

[104] 王新建, 彭漪涟. 中国哲学·天道与人道关系难题的现代解读——简论张岱年和冯契的天人合一观 [J]. 哲学研究, 2008 (9).

[105] 罗玲玲, 张嵩. 建设性后现代主义创造观解读 [J]. 东北大学学报: 社会科学版, 2004 (5).

[106] 赵悦悦, 周彬. 科技创新的真善美价值取向解析 [J]. 安徽农业大学学报: 社会科学版, 2008, 17 (5).

[107] 王炳德. 创造、创造性和创造力论析 [J]. 社会科学辑刊, 2003 (3).

[108] 欧日成. 创造和谐的辩证过程:"和实生物"的重要内蕴 [J]. 韶关学院学报·社会科学, 2007 (5).

[109] 夏保华. 技术哲学研究之我见 [J]. 哲学研究, 2004 (10).

[110] 李世超. 论技术复杂性及其导致的社会脆弱 [J]. 科学学与科学技术管理, 2005 (11).

[111] 金吾伦. 创新文化: 意义与中国特色 [J]. 学术研究, 2006 (6).

[112] 袁望冬. 对科技创新促进产业创新的哲学探析 [J]. 自然辩证法, 2007 (5).

[113] 肖剑平. 王阳明"知行合一"本体论解读 [J]. 求索, 2010 (4).

[114] T. Nakagawa. Essence of TRIZ in 50 Words [J]. TRIZ Journal, 2001 (6).

[115] 张岱年. 做学问的三个基本方法 [N]. 人民日报, 2000-11-30 (11).

[116] 刘仲林. 为"述而不作"正名 [N]. 光明日报, 2011-11-04 (15).

[117] 宋保华. 给思维插上翅膀 [N]. 科技日报, 2004-07-07 (6).

[118] 胡菊芹. 要从哲学高度把握创新方法研究 [N]. 科技日报, 2007-05-18 (7).

[119] 刘鄂培. 综合创新——张岱年先生学记 [C]. 北京: 清华大学出版社, 2002.